输电线路多旋翼无人机
巡检作业与缺陷分析

主　　编　成国雄　李端姣

副主编　李国强　李雄刚　刘　高　张　峰　饶成成

编写人员　陈　浩　汪　皓　郭　圣　刘　琦　孙文星

　　　　　张丽萍　许国伟　苏奕辉　张纪宾　李一荣

　　　　　杨利平　刘　程　林来鑫　凌　颖　黄　兴

　　　　　郭国强　陈华超　黄鹏辉　范子健　冯炎炯

　　　　　蓝　天　蒙华伟　王　丛　林俊省　廖建东

　　　　　刘桓佐　刘　佳

中国电力出版社
CHINA ELECTRIC POWER PRESS

图书在版编目（CIP）数据

输电线路多旋翼无人机巡检作业与缺陷分析 / 成国雄，李端姣主编 . —北京：中国电力出版社，
2024.9

ISBN 978-7-5198-8665-3

Ⅰ . ①输… Ⅱ . ①成…②李… Ⅲ . ①无人驾驶飞机－应用－输电线路－巡回检测－研究
Ⅳ . ① TM726

中国国家版本馆 CIP 数据核字（2024）第 102434 号

出版发行：中国电力出版社

地　　址：北京市东城区北京站西街 19 号（邮政编码 100005）

网　　址：http：//www.cepp.sgcc.com.cn

责任编辑：罗　艳

责任校对：黄　蓓　王小鹏

装帧设计：张俊霞

责任印制：石　雷

印　　刷：三河市航远印刷有限公司

版　　次：2024 年 9 月第一版

印　　次：2024 年 9 月北京第一次印刷

开　　本：710 毫米 ×1000 毫米　16 开本

印　　张：15

字　　数：226 千字

印　　数：0001—2500 册

定　　价：95.00 元

编写成员名单

主　　编　成国雄　李端姣

副 主 编　李国强　李雄刚　刘　高　张　峰　饶成成

编写人员　陈　浩　汪　皓　郭　圣　刘　琦　孙文星

　　　　　　张丽萍　许国伟　苏奕辉　张纪宾　李一荣

　　　　　　杨利平　刘　程　林来鑫　凌　颖　黄　兴

　　　　　　郭国强　陈华超　黄鹏辉　范子健　冯炎炯

　　　　　　蓝　天　蒙华伟　王　丛　林俊省　廖建东

　　　　　　刘桓佐　刘　佳

前　言

为深入贯彻落实建设数字中国、布局数字经济的国家战略，加快企业数字化转型步伐，打造"创新、协调、绿色、开放、共享"的电网企业，中国南方电网广东电网有限责任公司（以下简称广东电网）积极探索输电线路大规模协同智能巡检，推动机器代人，促进人工智能与生产业务深度融合。2015年，广东电网成立全国首家机巡作业及管理专业机构，设立无人机巡检示范基地，建成无人机 AOPA 培训基地，大力推进多旋翼无人机巡检技术在基层班组应用。近五年内，广东电网公司累计完成无人机巡检超 60 万 km，年平均量达 12 万 km，实现无人机巡检对禁飞区架空输电线路全覆盖，完成由"机巡为主、人巡为辅"向"无人机为主、直升机为辅、人工补充"巡检模式的转变；国内首创电力行业无人机自动巡检终端"智巡通"APP，完成手动遥控向自动巡检的技术迭代。

本书主要介绍利用多旋翼无人机对架空输电线路巡检的现场作业技术、数据分析技术及设备缺陷分析等内容和典型案例，书的内容由大量基层班组人员和各层级的管理人员提供素材并参与编写，最大的特色是贴合现场实际，同时收集了大量图像资料，图文结合、形象生动地介绍了无人机巡检过程中的操作技巧、注意事项及使用到的软硬件设备，可以引导读者快速入门学习并掌握电力无人机巡检技术，对电力行业输电线路智能运维从业者具有较强的指导意义。

编者

2024 年 5 月

目 录

2 数据分析种类与技巧

3 缺陷隐患分析实例 127

1

巡检作业种类
与技巧

1.1
可见光精细化巡视作业

1.1.1 简介

多旋翼精细化巡视主要用于输电线路日常巡视、故障巡视、新建或技改线路验收等。通过无人机搭载可见光摄像头，以手动或自动的方式对输电线路设备及附属设施进行全方位、多角度定点拍照或录像方式来开展的全面"体检"，是评估设备健康度的一种巡检手段，主要内容为设备本体及附属设施关键部位可见光拍摄巡检并提交巡视所发现的缺陷隐患报告，巡视部位主要是杆塔、导地线、金具、绝缘子、杆塔基础、接地装置、拉线系统、附属设施、防雷及在线监测装置等。

1.1.2 作业要求

1. 人员要求

作业人员应熟悉输电线路各种塔型、基本组成部件及拍摄部位名称。其中，塔型包含单回路耐张塔（含转角塔）、直线塔，双回路耐张塔（含转角塔）、直线塔，双回路、单回路换相耐张塔；基本组成部件包含杆塔、导线、地线［包括 OPGW（光纤架空地线）、ADSS（全介质自承式光缆）］、金具、绝缘子、避雷器、基础、接地装置、拉线等；需拍摄部位包括全塔、塔头、塔身、地线（包括 OPGW、ADSS）挂点、线路 A/B/C 三相横担侧挂点、绝缘子、线路 A/B/C 三相导线侧挂点、避雷器本体及部件、线路大号侧通道、线路小号侧通道、基础、间隔棒、接续管等。

2. 安全要求

（1）作业执行单位应熟悉巡检线路情况。

（2）作业所用无人机巡检系统应通过试验检测。

（3）执行作业任务前，应按照有关流程办理空域申请手续。

（4）作业现场应远离爆破、射击、烟雾、火焰、机场、人群密集、高大建筑、军事管辖、无线电干扰等可能影响无人机飞行的区域。无人机不宜从变电站、电厂上方穿越。

（5）无人机起、降点应与输电线路和其他设施、设备保持足够的安全距离，且风向有利，具备起降条件。

（6）工作地点、起降点及起降航线上应避免无关人员干扰，必要时可设置安全警示区。

（7）作业现场不应使用可能对无人机巡检系统通信链路造成干扰的电子设备。

（8）作业前，无人机应预先设置紧急情况下的安全策略。

（9）无人机起飞和降落时，作业人员应与其始终保持足够的安全距离，不应站在其起飞和降落的方向前，不应站在无人机巡检航线的正下方。

3. 作业准备

巡检前，作业人员应明确无人机巡检流程，如图 1.1 所示，进行现场勘查，确定作业内容和无人机起、降点位置，了解巡检线路情况、海拔、地形地貌、气象环境、植被分布、所需空域等，并根据巡检内容合理制订巡检计划。计划外的作业，必要时应进行现场勘查。

（1）作业前，作业执行单位应向空管部门报批巡检计划，履行空域申请手续，并严格遵守相关规定开展紧急巡检时，应办理临时作业申请。

（2）作业人员应提前了解作业现场当天的天气情况，决定能否进行作业。

（3）作业人员应仔细核对无人机电池电量充足，各零部件、工器具及保障设备携带齐全。

（4）作业前，应核实巡检线路名称和杆塔号无误，并再次确认现场天气、地形和无人机状态适宜作业。

（5）起飞前，操作人员应逐项开展设备检查、系统自检、航线核查，确

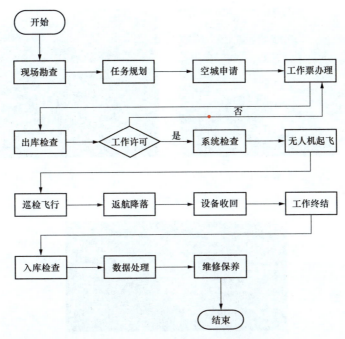

图 1.1　无人机巡检作业流程

保无人机处于适航状态。

（6）已经起飞，应立即采取措施，控制无人机返航、就近降落，或采取其他安全策略保证无人机安全。

4. 巡检方法

（1）可见光精细化巡视作业以线路小号侧往大号侧方向作为前进方向逐基杆塔进行拍摄，按照先整体后局部、从左侧往右侧、从上到下、从低电压端到高电压端、连续全覆盖的原则拍摄。拍摄主要包括线路通道、塔基、塔身、塔头、绝缘子（含销钉）、金具（含销钉）、各挂点（含销钉）等，如图1.2~图1.16所示。

（2）导线挂点、线夹金具处拍摄角度以能拍摄到销钉的角度为宜，平视或仰视。直线塔绝缘子较短的情况能同时拍摄到挂点线夹可以只拍摄一张照片，耐张塔绝缘子挂点、线夹应分别拍摄，避免关键部位的销钉被绝缘子遮挡，绝缘子拍摄应有一张照片能拍摄到整串绝缘子。35~110kV 绝缘子串较短可只拍摄挂点和线夹，220~500kV 绝缘子串较长，应设置拍摄点拍摄整串绝

（a）全塔示例 1　　　　　　　　　　　（b）全塔示例 2

图 1.2　全塔

图 1.3　塔头

（a）左地线　　　　　　　　　　　　　（b）右地线

图 1.4　左 / 右地线

（a）大号侧　　　　　　　　　　　　　（b）小号侧

图 1.5　耐张塔地线挂点大 / 小号侧

图 1.6　悬垂串整体

图 1.7　悬垂串横担挂点

图 1.8　悬垂串导线挂点

图 1.9　V形悬垂串横担挂点

（a）示例 1

（b）示例 2

图 1.10　V形悬垂串横担挂点整体

缘子；若为双串绝缘子，则拍摄角度不能让双串绝缘子重叠。如有避雷器悬挂，需增加避雷器首端、末端、整串三个拍摄点，或能在其他照片中清晰看到此三个部位。

（a）示例 1 　　　　　　　　　　　（b）示例 2

图 1.11　V 形悬垂串导线挂点

图 1.12　耐张绝缘子串整体

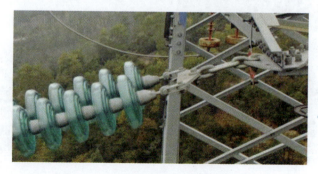

图 1.13　耐张绝缘子串横担挂点

（3）拍摄作业中注意照片曝光值，对逆光过暗的角度照片及时调整曝光度。拍摄数量可根据现场实际情况进行调整，对于不易拍摄的目标可进行多角度拍摄。如遇有特殊情况需调整拍摄顺序的，须现场备注拍摄顺序，确保后期照片命名正确。

图 1.14 耐张绝缘子串导线挂点

图 1.15 杆塔基础

（a）大号侧   （b）小号侧

图 1.16 大、小号侧通道

5. 作业周期

检测周期原则上应根据电气设备在电力系统中的作用及重要性、被测设备的电压等级、负载容量、负荷率和设备状况等综合确定。但应满足以下要求：

（1）正常运行的架空输电线路，每年宜进行一次检测，原则上应在迎峰

度夏前完成。

（2）500kV 及以上电压等级、关键重要线路、重要电源、重过载线路、特殊保供电等情况，可适当提高检测频次。

1.1.3 数据要求

作业人员应保证所拍摄照片对象覆盖完整、清晰度良好、亮度均匀。拍摄过程中，须尽量保证被拍摄主体处于相片中央位置，所占尺寸为相机取景框的 60% 以上，且处于清晰对焦状态，保证销钉级元件清晰可见。现场拍摄后应立即检查照片质量是否合格，如有不合格照片则需重新拍摄。拍摄照片错误示范如图 1.17 所示。

（a）模糊、聚焦不清晰示范

（b）距离过远　　　　　　（c）主体不在中央、销钉级元件不可见

图 1.17　拍摄照片错误示范（一）

（d）曝光值未调节导致过暗　　　　（e）曝光值未调节导致过曝

图 1.17　拍摄照片错误示范（二）

1.2
红外测温作业巡视

1.2.1　简介

　　输电线路长期矗立在山林城镇，易受自然环境和外力侵扰，加之设备质量和施工工艺因素影响，可能出现电气设备外部或内部缺陷，并伴随不正常发热或温度分布异常。要排查发现发热缺陷，借助热像仪测温检查是较为可行的方案。部件发热时，会不停地向空间与周围物体发出红外辐射能量，热像仪利用物镜接收被测目标的红外辐射能量，反映到红外探测器的元件上，最终输出为可视化红外热像图。

　　目前，运用无人机搭载热像仪巡检测温技术比较成熟，借助无人机红外测温能满足大面积的巡视性检测电气设备表面温度分布、检测电压致热型和部分电流致热型设备表面温度及连续检测设备表面温度受负荷电流、持续时间、环境等因素影响的变化趋势的需求，具有远距离非接触、高清晰度、高

备的电压等级、负载容量、负荷率、投运时间和设备状况等综合确定。但应满足以下要求：

（1）正常运行的 500kV 及以上架空输电线路和重要的 220（330）kV 架空输电线路的接续金具，每年宜进行一次检测；110（66）kV 输电线路和其他的 220（330）kV 输电线路，不宜超过两年进行一次检测。

（2）新投产和大修改造后的线路，可在投运带负荷后不超过 1 个月内（至少 24h 以后）进行一次检测。

（3）对于线路上的瓷绝缘子和合成绝缘子，建议有条件的（包括检测设备、检测技能、检测要求以及检测环境允许条件等），也可进行周期检测。

（4）对电力电缆主要检测电缆终端和中间接头，对于大直径隧道施放的电缆宜全线检测，110kV 及以上每年检测不少于两次，35kV 及以下每年检测一次。

（5）串联电抗器，线路阻波器的检测周期与其所在线路检测周期一致。

（6）对于重负荷线路，运行环境较差时应适当缩短检测周期：重大事件、节日、重要负荷以及设备负荷陡增等特殊情况应增加检测次数。

（7）当发热缺陷消除后，应进行红外复测。

7. 几种塔型红外巡视实例

（1）耐张塔。

1）巡检内容。带电设备红外诊断应当覆盖所有可能发热的区域，用于排查温度分布异常现象、对比相关设备温度或跟踪温度变化情况。以耐张塔为例，其红外测温点位可参考以下分类：地线线夹、导线耐张线夹、导线绝缘子、导线杆塔侧金具、跳线杆塔侧金具、跳线绝缘子、跳线悬垂线夹、避雷器、支撑绝缘子、接续金具，详见表 1.1。耐张塔红外测温点位如图 1.18 所示。

表 1.1　耐张塔重点测温点位及对象

序号	测温点位	重点测温对象
1	地线线夹	并沟线夹、大号侧地线线夹、所有连接金具
		并沟线夹、小号侧地线线夹、所有连接金具

续表

序号	测温点位	重点测温对象
2	导线耐张线夹	大号侧耐张线夹、跳线联板、所有导线侧金具
		小号侧耐张线夹、跳线联板、所有导线侧金具
3	导线绝缘子	大号侧完整导线绝缘子串
		小号侧完整导线绝缘子串
4	导线杆塔端	大号侧连接金具
		小号侧连接金具
5	跳线杆塔端	所有连接金具
6	跳线绝缘子	完整跳线绝缘子串
7	跳线悬垂线夹	跳线悬垂线夹、所有跳线侧连接金具
8	避雷器	避雷器及两端所有连接金具
9	支撑绝缘子	悬垂线夹、支撑绝缘子及两端所有连接金具
10	接续金具	各接续金具

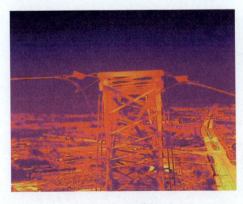 

（a）地线红外照片　　　　　　　（b）导线杆塔端红外照片

图 1.18　耐张塔红外测温点位（一）

（c）导线耐张线夹红外照片

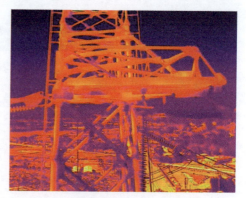
（d）跳线杆塔端红外照片

（e）跳线悬垂线夹红外照片

图 1.18　耐张塔红外测温点位（二）

2）相关规范规程。接续金具不应出现下列任一情况：

a. 温度高于相邻导线温度 10℃，跳线联板温度高于相邻导线温度 10℃。过热变色。

b. 接续金具的电气符合性能应满足如下要求：接续金具与导线接续处的温升不应大于被接续导线的温升。

c. 承受电气负荷的耐张线夹不应降低导线的导电能力，其电气性能应满足导线接续处的温升不应大于被接续导线的温升。

（2）直线塔。直线塔红外测温点位可参考以下分类：地线线夹、导线杆塔侧金具、导线绝缘子、导线悬垂线夹、接续金具，详见表 1.2。直线塔红外测温点位如图 1.19 所示。

表 1.2　直线塔红外测温点位及对象

序号	测温点位	重点测温对象
1	地线线夹	地线线夹、所有连接金具
2	导线杆塔端	所有连接金具
3	导线绝缘子	完整导线绝缘子串
4	导线悬垂线夹	导线悬垂线夹、所有导线侧金具
5	接续金具	各接续金具

（a）地线线夹红外照片

（b）导线杆塔端红外照片

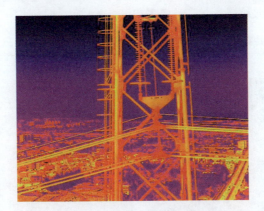

（c）导线悬垂线夹红外照片

图 1.19　直线塔红外测温点位

8. 电缆终端塔

电缆终端塔红外测温点位分为地线线夹、三相导线耐张线夹、三相导线绝缘子、三相导线杆塔侧金具、跳线杆塔侧金具、跳线绝缘子、跳线悬垂线夹、避雷器、支撑绝缘子、电缆终端头、接续金具，见表 1.3。电缆终端塔红外测温点位如图 1.20 所示。

表 1.3　各测温点位对应内容

序号	测温点位	重点测温内容
1	地线线夹	并沟线夹、大号侧或小号侧地线线夹、所有连接金具
2	导线耐张线夹	大号侧或小号侧导线耐张线夹、跳线联板、所有导线侧金具
3	导线绝缘子	大号侧和小号侧完整导线绝缘子串
4	导线杆塔端	大号侧或小号侧所有连接金具
5	跳线杆塔端	所有连接金具
6	跳线绝缘子	完整跳线绝缘子串
7	跳线悬垂线夹	跳线悬垂线夹、所有跳线侧连接金具
8	避雷器	避雷器及两端所有连接金具
9	支撑绝缘子	悬垂线夹、支撑绝缘子及两端所有连接金具
10	电缆终端头	完整电缆终端头
11	接续金具	各接续金具

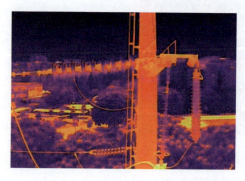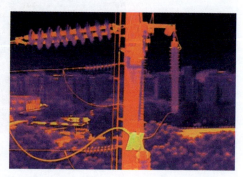

图 1.20　电缆终端塔红外测温点位（一）

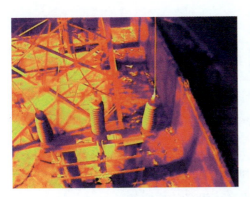

图 1.20　电缆终端塔红外测温点位（二）

9. 杆塔外接续金具

杆塔外接续金具是输电线路中重要的电气连接部位，也是线路中薄弱的部位，包括 T 接、Π 接、接续管等。为避免出现潮气侵入、双金属腐蚀等可引起温升或温度分布异常的缺陷，应按照作业周期对其红外检测，并获取红外成像，检测时应拍摄完整的接续金具和被接续的导线，如图 1.21 所示。

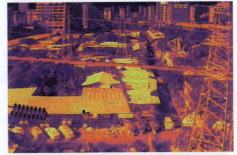

（a）接续金具可见光示例 1　　　　　（b）接续金具红外示例 1

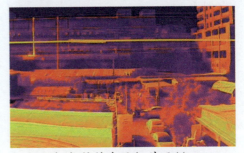

（c）接续金具可见光示例 2　　　　　（d）接续金具红外示例 2

图 1.21　杆塔外接续金具

1.2.3　数据要求

无人机应以低速接近杆塔，必要时可在杆塔附近悬停，使传感器在稳定状态下采集数据，确保数据的有效性和完整性。

（1）热像图应满足以下要求：

1）测温量程选择合理，亮色调区和暗色调区分布合理；

2）热像图能呈现所有的重点测温设备，设备均应完整；

3）拍摄距离不应过远，导致精确度下降；

4）热像图背景辐射均衡，无太阳、烟囱、蒸汽等高温物体。

（2）巡检资料的整理及移交应满足以下要求：

1）巡检人员应将新发现的建筑和设施、鸟群聚集区、空中限制区、人员活动密集区、无线电干扰区、通信阻隔区、不利气象多发区等信息进行记录更新。

2）巡检作业完成后，巡检数据应至少经 1 名人员核对，数据处理主要包括备份、汇总、分析等。

3）巡检作业完成后，作业人员应填写无人机巡检系统使用记录单，交由工作负责人签字确认后方可移交至线路运行维护单位。

1.3
倾斜摄影测距巡视

1.3.1　简介

本章节介绍倾斜摄影测距巡视在输电线路的应用，该技术是通过从垂直或倾斜等至少两个不同视角同步采集影像，获取架空输电线路及通道环境顶面及侧视高分辨率纹理。真实反映地物情况，高精度获取物体纹理信息，通过先进定位、融合、建模等技术，生成真实三维点云数据模型。倾斜摄影发展到今天，倾斜相机不再限定相机镜头的数量，关键技术指标是获取不同角度影像的能力和单架次作业的广度和深度，包括五镜头、三镜头、双镜头等多镜头相机及可以调整相机拍摄角度的单相机系统。

在摄影时，飞机沿着预先设定的航线方向进行摄影，相邻影像必须保存一定的重叠度，称为航向重叠，一般必须大于 60%，互相重叠的部分构成立体图像。飞机飞行完一侧一条航线后，飞机进入线路另一侧航线进行摄影，相邻航线影像之间必须有一定的重叠度，称为旁向重叠，一般必须大于 30%。考虑到无人机航摄时的俯仰、侧倾影响，无人机倾斜摄影测量作业时在无高层建筑、地形地物高差比较小的测区，航向、旁向重叠度建议最低不小于 70%。输电线路倾斜摄影测量作业一般要求航向重叠不低于 85%，旁向重叠不低于 70%，这样重建效果会更细致且能更好地避免模型出现空洞。

本节重点从倾斜摄影拍摄的三种飞行方式进行介绍，采用的是编者在使用中的一款巡检软件进行讲述。

1.3.2 作业要求

1. 工器具

准备好适配智能巡检作业的多旋翼无人机、无人机智能巡检作业软件、带高程的 KML 文件、DJI Pilot 手机软件、内存卡、图像监视器、风速仪、安全帽、工作服。

适配机型：大疆精灵 4pro、大疆精灵 4RTK、御 2pro、御 2 哈苏、M300 RTK。

2. 带高程的 KML 文件制作

（1）使用无人机飞行软件 DJI Pilot 进行采集。

1）检查飞行器状态，可使用 M300 RTK、御 2 行业进阶版、精灵 4RTK 等带 RTK 模块的机型，以 M300 RTK 为例。

2）打开大疆无人机飞行软件，单击"航线飞行"→"航点飞行"→"在线任务录制"。

3）开启网络 RTK 功能，并选择合适的大地坐标系，在起飞前确认飞行器已处于 RTK FIX 状态且听到"已连接 RTK，将记录飞行器的绝对高度"语音提示。

4）正上方打点：在杆塔正上方合适高度处，按拍照键添加航点并拍摄照片。为保证塔身的完整性，建议航点距离塔顶高度为塔的宽度，一般在20~30m，可将 M300 下视避障调整为 30m，通过避障提示来确认距离塔顶的相对高度。添加航点如图 1.22 所示。飞行器在打点时（特别是打点所在杆塔为大转角塔时）航向对准下一基杆塔，可使创建的自动飞行航线与线路走向高度一致。

图 1.22 添加航点

5）按照以上方法，将航线内所有坐标采集完并保存任务，选择航线并导出 KML 航线文件至 MicroSD 卡。

（2）使用南方电网智能巡检作业软件进行采集。

1）进入杆塔采集模式，并对采集杆塔的线路名称命名，如图 1.23 所示；

2）无人机摄像头向下 90°，距离塔顶 10~15m 的高度，单击新增杆塔，软件自动记录无人机当前经纬度与高度；

3）采集完毕，直接退出杆塔采集模式；

4）然后在智能巡检软件存储文件里面可以找到已命名的 KML 文件。

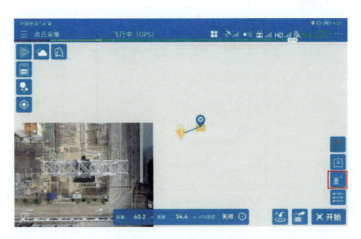

图 1.23　杆塔采集模式

（3）RTK 飞机拍摄图片用奥维地球导出 KML 文件。

1）无人机在需要采集杆塔的塔顶使用无人机拍照（尽量在塔顶 2m 左右的地方进行拍照），注意此时无人机镜头应垂直向下；

2）整理杆塔塔顶的照片并按照杆塔号命名；

3）打开奥维互动地图，单击"系统"→"数据转换"→"图片生成标签"，操作流程如图 1.24 所示；

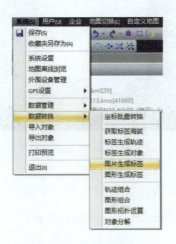

图 1.24　操作流程

4）导入杆塔照片并生成标签；

5）导出格式"KML Google 地标"并导出，导出文件如图 1.25 所示；

图 1.25　导出文件

6）最后导出生成 KML 格式的文件。

3. RTK 飞机拍摄图片用图新地球导出 KML 文件

（1）打开图新地球 LSV，单击"工具箱"中的"照片 GPS 提取"功能，如图 1.26 所示。

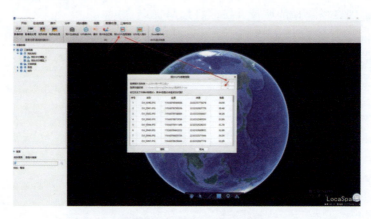

图 1.26　照片 GPS 提取

（2）图新地球 LSV 会自动读取照片中的坐标信息，完成读取后，我们单击"选择存储目录"即可将经纬度和高程信息存档（文档为 csv 表格格式）。

（3）打开杆塔坐标文件，确认杆塔高度信息，打开图新地球 LSV，单击"工具箱"中的"Excel 转 KML"功能，导入包含经纬度、高度信息 Excel 文档。

（4）完成文档定义后，单击右上方的"生成点"，保存导出无人机 KML

航线，如图 1.27 所示。

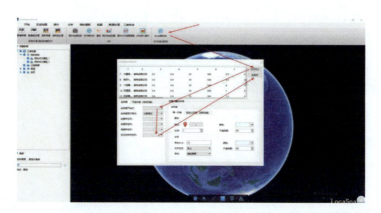

图 1.27　生成 KML 文件

1.3.3　巡检方法

常用的倾斜摄影巡检方法有三种：两侧航线作业、三航线作业、蛇形航线作业。

1. 两侧航线作业

（1）两侧航线作业，顾名思义，就是在杆塔线行两侧进行自动飞行作业，飞行期间以一定间隔进行拍摄影像，航带间形成一定重叠率，拍摄照片有一定的重叠率，如图 1.28 所示。带 RTK 的无人机（目前使用 P4R 无人机）且采集过程中 RTK 一直正常使用中，用所采集数据生成的点云精度满足要求可以直接用来规划航线。非 RTK 无人机（精灵 4、御 2 等）采集数据的绝对精度不能满足要求，但可以满足测树障等相对精度的要求。

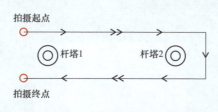

图 1.28　两侧航线示意图

（2）两侧航线作业时，按照线路电压等级设置航线高度、起降航高、侧面角度、飞行速度、机头朝向、拍摄距离。具体如下：

1）相机画幅模式：由原来的 16∶9 改为 4∶3；

2）云台角度为 60°~70°，由于起始坐标不一定准，建议随时调整角度，确保导线不重叠，即图传画面中导线没有重叠到一起，三相即显示三根线，而不是正摄 1 根线，尽可能地让拍摄背景和导线之间有明显颜色差，综合推荐 70°；

3）飞行速度：5~8m/s；

4）机头朝向：90°；

5）高度模式：无人机飞行高度按照电压等级区分，110、220、500kV 分别对地高度为 110、120、130m；

6）拍摄距离：110、220、500kV 分别为 40、44、48m；

7）飞行航高：假设 N1 杆塔塔基海拔为 X，无人机起飞点海拔为 Y，所以飞行航高 = $Y - X +$ "高度模式"。

（3）通过两侧航线的方式以及图 1.29 ~ 图 1.31 所示的参数设置采集通道

图 1.29　点云采集设置

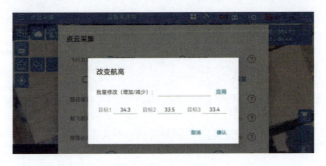

图 1.30　航高设置

图 1.31　点云采集参数

倾斜摄影点云数据，建模的点云数据如图 1.32 所示，两侧航线的方式采集的点云数据存在导线缺失严重的问题。

图 1.32　两侧航线飞行点云效果示意图

2. 三航线作业

（1）三侧航线作业在两侧航线作业的模式下勾选塔顶采集即可。三侧航线作业是在完成线路两边路径采集后，继续沿着杆塔顶端飞行采集数据，如图 1.33 所示，对采集线路段的模型完整度有增强效果。作业要求按照两侧航线作业要求参数设置即可，如图 1.34 所示。

（2）三侧航线飞行点云效果如图 1.35 所示，相对于两侧航线飞行，在杆塔三维点云建模方面有所增强。

图 1.33　三侧航线作业示意图

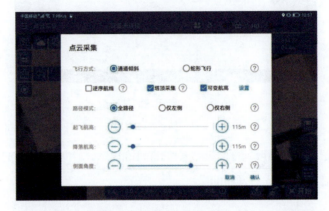

图 1.34　智能巡检软件设置图

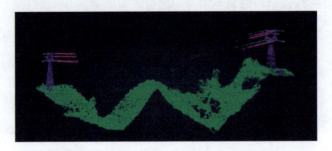

图 1.35　三侧航线飞行点云效果示意图

3. 蛇形航线作业

蛇形航线作业在两侧航线作业，与三侧航线作业后增强点云效果的一种作业方式，如图 1.36 所示。与前面两种作业模式相比，蛇形作业具备重叠率高，点云效果密集，杆塔、导线解算效果理想，但是作业效率相对于前面两种模式较低。作业要求如下：

（1）航线高度：110kV 及以下航线高度设置为 2H（相对地面的高度，H 为塔高），起步高度为 80m，低于 40m 的杆塔，直接起步高度 80m；220~500kV 航线高度设置为 1.8~2H（相对地面的高度，H 为塔高）。

（2）可变航高：遇到高低起伏的线路，可设置可变航高（无人机相对于每基塔顶的高度不变，相对于起飞点的高度会对应变高飞行）。

（3）起降航高：无人机从起飞点坐标飞往作业起点和从作业终点飞回起降点的飞行高度（相对高度），设置原则是足够避开飞行路径中的障碍物。

（4）成像距离：无人机距离拍摄目标的距离，用于计算旁向航线的密度。默认为30m、树多的区域，速度建议在3~5m/s，双分裂、四分裂新导线的速度可以更快到4~8m/s。

（5）飞行速度：针对线路在鱼塘、马路等导线颜色与背景颜色的特殊场景，建议飞行高度在$2H$，飞行速度在2m/s。此方案为最高密度飞行方案，理论上质量最好，高度不变的情况下，速度越快，生成的点云密度越稀。

（6）返航高度（高于障碍物30m以上）、失控动作（返航，注意不要关闭避障功能）、智能低电量返航（开启）。

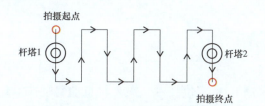

图 1.36　蛇形航线示意图

蛇形航线飞行点云效果图如图1.37所示。

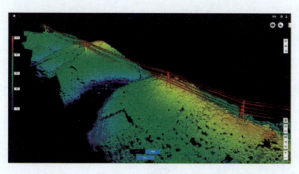

图 1.37　蛇形航线飞行点云效果图

1.3.4　数据要求

无人机拍摄的可见光照片，照片格式为 jpg，分辨率不低于 4867×3648，照片有经度、维度、高度信息。检查照片，如存在失焦、曝光度不符等情况，需单独剔除，一档线路如超过 10 张问题照片应放弃分析。照片应按照无人机飞行架次的杆塔号命名。

1.4
激光巡视

1.4.1　简介

激光巡视是采用 RTK 定位技术、无人机自动驾驶技术、无人机激光雷达建模技术、车载地基雷达建模技术、背包雷达建模技术、倾斜摄影技术来获取输电线路高精度三维点云的一种智能化手段。通过多种技术的融合应用，可实现输电线路禁飞区与非禁飞区激光建模，为输电线路数字化建设提供强大的基础数据保障。本章节主要选用输电行业运用最为广泛的 M600 激光雷达无人机，进行激光建模作业、数据解算技术过程介绍。

激光雷达巡视装备要求如下：M600 激光雷达无人机由 RTK 定位模块、雷达基站、激光雷达、无人机等组成，激光雷达无人机自身参数见表 1.4。

表 1.4　M600 激光雷达无人机设备参数

设备型号	LIDAR40
测距（m）	30~40
垂直视场（°）	330

设备型号	LIDAR40
水平视场（°）	300
测距精度（mm）	15

1.4.2 作业要求

1. 激光巡视作业流程

激光巡视作业流程如图 1.38 所示。

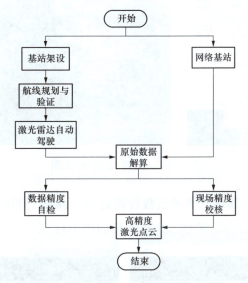

图 1.38 激光巡视作业流程图

2. 激光巡视作业

（1）基站架设。

1）将 RTK 定位装置开机，连接 GPS 天线，安装测量杆，调整至 1.8m 刻度处，并锁紧插销进行固定。RTK 定位装置架设如图 1.39 所示。

2）打开手簿，开启网络和蓝牙，打开软件 esurvey3.0，完成"仪器""通信设置"，将测量杆架设在基站的位置并进行整平，气泡居中，检查已固定解。软件使用流程如图 1.40 所示。

器），再静置 5min，完成设备的自检与校准。无人机校准如图 1.44 所示。

图 1.44　无人机校准

2）M600 起飞，在空中旋转两个 8 字，校准 IMU 后开始执行自动驾驶航线并实时采集激光数据，航线执行完成后，再次手动将无人机在空中旋转两个 8 字后降落，降落后需再次静置 5min。

3）作业完成后，整理工器具，为确保基站记录时间段大于雷达记录时间段，应在雷达关闭后多等待 5min 再关闭基站。激光雷达作业流程如图 1.45 所示。

图 1.45　激光雷达作业流程图

3. 原始数据解算

（1）打开软件，单击"系统配置"，设置系统参数，打开工程文件，如图 1.46 所示。

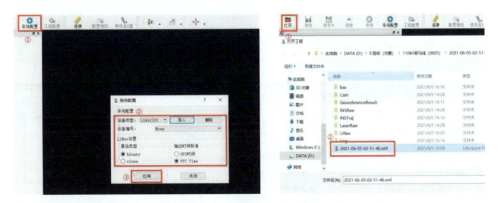

图 1.46　系统配置流程图

（2）导入 IMU 文件，使用"POS 段选择工具"截取需解算的航线区段，如图 1.47 所示。

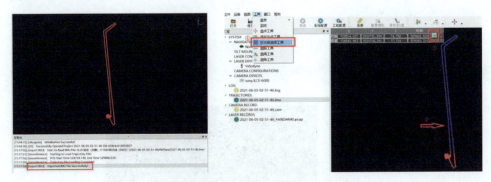

图 1.47　IMU 导入与区段选择

（3）单击解算，设置解算参数，单击"完成"，页面提示解算成功后，检查目标文件中是否存在新生成的点云文件，如图 1.48 所示。

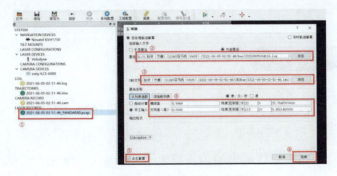

图 1.48　数据解算流程图

（4）打开软件，单击"点云"工作栏，选择"工作目录""点云坐标系"，单击"确定"，打开激光点云，如图 1.49 所示。

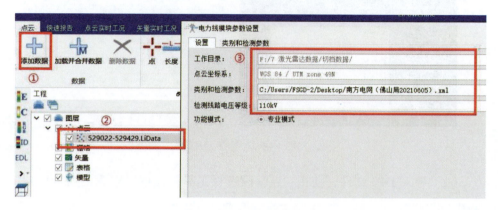

图 1.49　打开激光点云

（5）检查点云是否有重影，杆塔、导地线、绝缘子、地物地貌、上下交叉跨越线路是否有缺失，如图 1.50 所示。缺失部分需重新采集点云，重新解算。

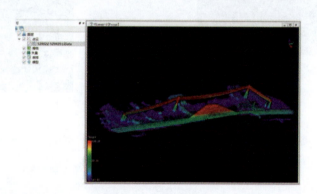

图 1.50　激光检查

1.4.3　数据要求

（1）打开激光点云解算数据精度报告，卫星颗数大于 6 颗、固定解大于98%、位置分离值（即经度、纬度、高程偏移值）在正式航线部分不得大于5cm、姿态分离正式航线部分的值不得大于 6，则认定激光点云精度达到水平±5cm，垂直 ±10cm。激光点云精度检核如图 1.51 所示。

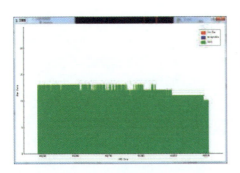

（a）卫星数　　　　　　　　　　　（b）GPS 固定解

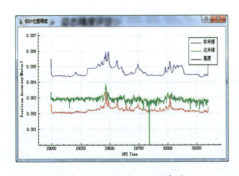
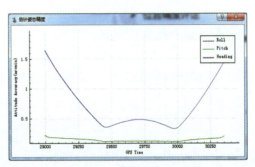

（c）点云估计位置精度　　　　　　（d）点云估计姿态精度

图 1.51　激光点云精度检核

（2）作业人员采用 RTK 测量仪实地测量目标点位置坐标，如图 1.52 所示。通过测量坐标与激光点云坐标进行误差分析，校核激光点云精度，确保达到以上精度要求。

（a）接续金具可见光示例 2　　　　（b）接续金具红外示例 2

图 1.52　实地测量目标点位置坐标

1.5
其他巡视

1.5.1 全景通道巡视

现在执行的无人机自动驾驶通道快巡方式效率高，可发现架空输电线路通道内与通道周边的违章施工、违章建筑、可飘挂物等通道环境风险和架空输电线路本体的鸟巢、飘挂物等大目标缺陷隐患，但无法发现距离线路通道较远的潜在施工隐患与可飘挂物隐患，二维地图建模巡视与点云建模巡视也无法克服此缺点。

随着技术的发展，基于无人机的 360° 球型全景拍摄硬件和软件已经成熟，现在的大疆御二进阶和 M300 + 禅思 H20 系列均已支持全景拍摄并自动拼接成图，图新地球等软件、系统均已支持全景照片的浏览查看。

通过调研和大量的测试，已论证全景照片采集这种能记录拍摄点 360° 球型范围内的所有可见光信息的机巡作业技术能有效地发现以拍摄点为中心辐射半径 5km 以上的环境隐患，且能作为有效覆盖面积大且方便管理和调用的通道环境数据进行历史存档，方便日常运维过程中的施工勘察、安全技术交底等工作。

综上所述，故将无人机全景通道巡视列入通道巡视的一种无人机通道巡视类型，并推广地面全景巡检装备在电缆线路通道巡视、城区交通道路中的架空输电线路通道巡视中使用。

1. 作业要求

（1）架空输电线路。架空输电线路全景通道巡视实施要求如下：

1）架空输电线路使用无人机执行全景通道巡视需采用 RTK 定位，为保证拼接成像质量需保证在环境风速小于 6m/s 下执行。

2）为保证全景照片的可视距离，雨、雾、雪、霾等有效水平能见度小于10km的天气不宜进行全景通道巡视，如图1.53所示。

图1.53　通道全景照片

3）架空输电线路每基杆塔大小号侧需各拍摄1组全景照片，以保证可看清楚杆塔是否有鸟巢和飘挂物，如图1.54所示。

图1.54　大小号侧全景照片

4）边（下）相高度附近需拍摄1组全景照片，以保证可看清楚线行下的通道环境与导地线有无飘挂物，如图1.55所示。

图1.55　边（下）相附近全景照片

5）档距大于 200m 的档中央需增加 1 组全景照片，如图 1.56 所示。

图 1.56 档中央全景照片

6）跨（穿）越铁路、高速公路、一级公路、四级以上水运航道、特殊管道、电车道（有轨及无轨）及索道需要在跨越点两侧外延 50m 处各增加 1 组全景照片，如图 1.57 所示。

7）线线交叉跨（穿）越处（35kV 及以上），需在跨（穿）越点附近靠近上层线路的下导线增加 1 组全景照片。

图 1.57 跨越点两侧外延 50m 处全景照片

（2）输电电缆线路。电缆输电线路全景通道巡视实施要求如下：

1）电缆输电线路使用地面全景巡检装备巡视需采用 GPS 定位，为保证拼接成像质量需保证在行进速度小于 15km/h 下进行。

2）为保证全景照片的可视距离，雨、雾、雪、霾等有效水平能见度小于 5km 的天气不宜进行全景通道巡视。

3）电缆通道全景巡视的采集间隔不宜大于 30m，如图 1.58 所示。

图 1.58　电缆通道全景照片

4）电缆通道全景巡视不论人工巡视、车载巡视需严格遵守交通法规，如图 1.59 所示。

图 1.59　人工巡视、车载巡视

5）电缆终端塔的终端间在围墙外至少需采集对角 2 组全景照片以覆盖整个终端间内部，宜在 4 个角采集 4 组全景照片以覆盖整个终端间的内部和外部。

6）电缆终端塔的全景通道巡视严格需严格保证采集设备与带电体满足相关安全工作规程中规定的安全距离 +2m。

2. 数据要求

（1）架空输电线路。架空输电线路全景通道巡视全景照片存档命名要求如下：

1）全景照片文件以每基杆塔为单位文件夹进行存储，文件夹命名格式为"电压等级 + 线路名称 + 杆塔编号（×××kV××× 线路 N×××）"，每基杆塔单位文件夹内的照片文件命名格式为"电压等级 + 线路名称 + 杆塔编号 + 大号侧 / 小号侧 / 线行 / 档中 / 跨（穿）越类型（跨（穿）越 35kV 及以上

架空输电线路、铁路、高速公路、一级公路、四级以上水运航道、特殊管道、
电车道（有轨及无轨）及索道）"。全景通道巡视照片如图1.60所示。

图1.60　全景通道巡视照片

2）全景照片应覆盖架空输电线路所有区段，包括构架—$N1$、N—N（$x+1$）、
Nx—构架，拍摄大小号侧时，巡视杆塔应在照片初始视角中央，拍摄距离应
满足绝缘子每片可区分的照片效果。

（2）输电电缆线路。输电电缆线路全景通道巡视全景照片存档命名要求
如下：

1）全景照片文件以每条输电电缆线路为单位文件夹进行存储，文件夹命
名格式为"电压等级＋线路名称（×××kV×××线路）"，每条线路单位文
件夹内的照片文件命名格式为"电压等级＋线路名称＋顺序编号"。

2）全景照片应覆盖输电电缆线路所有区段，巡视目标应在照片初始
视角中央，拍摄距离应满足电缆盖板轮廓可区分的照片效果，如图1.61
所示。

图1.61　电缆盖板轮廓

1.5.2 多维通道建模巡视

1.5.2.1 简介

输电线路设备与通道的数字化模型主要有点云模型、实景模型、二维地图模型、人工模型。其中，利用无人机巡检并对成果解算能直接产出的为点云模型、实景模型、二维地图模型。

按照以往的方式，要产出这三种模型并保证模型质量，需用无人机挂载激光雷达进行扫描获取高精度点云模型，用无人机挂载可见光相机进行倾斜摄影获取实景模型、二维地图模型。

随着科技的发展和无人机与其挂载设备的进步，现在的无人机已具备同时进行激光雷达扫描与倾斜摄影的功能，且设备成本越来越低，作业效率越来越高。

1.5.2.1 作业要求

1. 架空输电线路

（1）前期航线规划。

1）有线路 KML，无杆塔高程的情况。

a.应用场景：该线路为新线路或未执行过通道巡视的线路或非班组运维线路。采用航点飞行，现场打点。将 KML 导入智瞰、机巡智图模块等地图类软件系统，浏览线路通道情况，跨越方面关注道路、高速、铁路、河流，环境方面关注地形、建筑物。起飞点的选择要素：效率、安全、便捷。根据起飞点选择一个架次巡视的范围，需要考虑电池、信号。跨越方面，不能跨越高速、铁路，遇到高速、铁路段需要放弃该跨越处上空飞行，选择从高速、铁路的平行方向规划航线。跨越河流需关注河流宽度、通航、桥梁等情况，跨越档距离过长需增加河面补拍，有通航或桥梁需要注意避让。

b.起飞点的选择要素。①效率：一个架次巡视范围最大化；②安全：城区优先选择远离人员、车辆的地方，郊区、野外选择无动物的地方（防狗、防蛇、防蜂）；③便捷：机动车能到达或接近的地方，车辆与起飞点距离越近越好。航线规划一般从小号侧往大号侧方向依次规划。

c. 应用实例。

a）执行航线：N1~N7。该 110kV 线路 N1~N13 位于城区，需要考虑信号被建筑物遮挡的情况，起飞点选择转角杆塔为宜，N2 为转角、N6~N7 线行有建筑物遮挡，规划起飞点为 N2 附近，该架次巡视范围为 N1~N6，通过现场测试，N6~N7 信号不衰减，实际该架次巡视范围为 N1~N7。执行航线如图1.62 所示。

图 1.62　执行航线：N1~N7

b）执行航线：N7~N13。N7、N8、N10 为转角，N10 能覆盖到 N7~N15，考虑到 N1~N13 为双回线路，N14 开始为单回线路，所以实际飞行时，执行的航线为 N7~N13。这样，N1~N13 的数据可用在另一回线路。执行航线如图1.63 所示。

c）执行航线：N13~N15。原规划到 N16，实际飞行时在该起飞点的遥控器与 N16 地线挂点之间被山体遮挡，遥控器信号降至 3 格、图传卡顿降至 3 格，为安全起见，放弃 N16，实际执行 N13~N15。执行航线如图 1.64所示。

图 1.63　执行航线：N7~N13

图 1.64　执行航线：N13~N15

d）执行航线：N15~N20。N15~N20 在山上，起飞点有两种选择，一是选择山上的制高点，优点是覆盖范围广、信号佳，缺点是交通不便；二是选择山脚，优点是交通便捷，缺点是覆盖范围可能较小、信号质量可能较差。执行航线如图 1.65 所示。

e）执行航线：N20~N31。该起飞点信号能覆盖 N20~N33，但是 N31~N32 跨越高速，所以该架次巡视范围为 N19~N31。执行航线如图 1.66 所示。

f）执行航线：N32~N33。N31~N32 跨越高速，所以选择 N32 与高速同侧为起飞点。执行航线如图 1.67 所示。

图 1.65　执行航线：N15~N20

图 1.66　执行航线：N20~N31

图 1.67　执行航线：N32~N33

2）有线路 KML，有杆塔高程。应用场景：该线路已有点云数据。采用航点飞行，导入 KML 执行，不需要现场打点，除了补飞和交叉跨越。规划需要注意的和前面一样，有高程后可选择绝对海拔，在地图前期规划时更接近现场环境。

（2）现场航线规划。

1）起飞前检查。检查内容如下：

a.M300 本体及遥控器：起落架是否完好，有无裂纹或破损需要更换，是否安装到位。

b. 机臂是否完全展开并锁紧；桨叶是否有明显变形、破损、老化变软，有异物需要及时清理，完全展开桨叶；遥控器中杆是否在中位，摇杆是否顺畅。

c.L1 镜头：外观是否完好无损，激光雷达窗口有无污点或灰尘；机身云台接口与镜头云台接口是否连接完好，紧锁到位。

d. 电池：外观上，电池接口有无异物、变形，电池紧锁按钮是否牢固到位，电池外壳是否明显破损、鼓包；循环次数大于 200 次以上，及时更换电池；配对使用同一组电池，压差太大不能使用。

2）双程航点飞行：距离地线上方 5、25m 航线。

a. 构架 – 杆塔。杆塔如图 1.68 和图 1.69 所示。

a）飞行顺序：飞向 N1，N1 杆塔上方 5m，保持这个高度，缓慢飞向变电站围墙，机头转向大号侧，记录航点；飞到 N1，记录航点。记录航点如图 1.70 所示。

图 1.68　杆塔 1

图 1.69　杆塔 2

图 1.70　构架－杆塔记录航点 1

b）飞行顺序：飞向 N1，在 N1 杆塔上方 25m，测距一般无法准确测到，以杆塔占屏比来估算，占九宫格中间一格的二分之一，记录航点；保持这个高度，缓慢飞向变电站围墙，记录航点。记录航点如图 1.71 所示。

图 1.71　构架－杆塔记录航点 2

b. 杆塔－杆塔。

飞行顺序：飞向杆塔 N，在杆塔 N 上方 5m，记录航点；飞向杆塔 $N+1$，在杆塔 $N+1$ 上方 5m，记录航点。记录航点如图 1.72 所示。

图 1.72　杆塔 – 杆塔记录航点

垂直上升 20m，转向小号侧，此刻无人机在杆塔 $N+1$ 上方 25m，记录航点；以杆塔占屏比来估算，占九宫格中间一格的二分之一，飞向杆塔 N，以杆塔占屏比来估算，占九宫格中间一格的二分之一，记录航点。记录航点如图 1.73 所示。

图 1.73　杆塔 – 杆塔记录航点 2

c. 杆塔 – 大档距 / 大高差 – 杆塔。遇到大档距或大落差时，打点 5m 航线时，飞向杆塔 N，在杆塔 N 上方 5m 记录航点。记录航点如图 1.74 所示。

在 N–$N+1$ 中间线行，接近弧垂点处，地线上方 5m 或地线占屏比在整个界面三分之二以上，记录航点；飞向 $N+1$，在杆塔 $N+1$ 上方 5m 记录航点。记录航点如图 1.75 所示。

遇到大档距或大落差时，打点 25m 航线时，飞向杆塔 $N+1$，在杆塔 $N+1$ 上方 25m 记录航点，可通过航线任务界面查看之前在该档的打点处，在 N–$N+1$ 中间线行，接近弧垂点处，地线上方 25m 或地线占屏比在整个界面三

图 1.74　杆塔 - 大档距 / 大高差 - 杆塔记录航点 1

图 1.75　杆塔 - 大档距 / 大高差 - 杆塔记录航点 2

分之二以上，记录航点，飞向杆塔 N，在杆塔 N 上方 25m 记录航点。记录航点如图 1.76 所示。

图 1.76　杆塔 - 大档距 / 大高差 - 杆塔记录航点 3

d. 杆塔 – 线行穿越 – 杆塔。

a) 无须变高。遇到线行穿越时，打点 5m 航线时，飞向线行穿越处，保持云台回中，在距离线行穿越处 5m 外悬停，如果穿越处，上方导线和下方地线净空距离在 10m 及以上，可直接在上方导线和下方地线之间飞行，云台向下，在地线上方 5m 或地线占屏比在整个界面三分之二以上，记录航点，云台回中，保持同一高程缓慢前进，直至离开上方导线的覆盖范围，记录航点。记录航点如图 1.77 所示。

图 1.77　杆塔 – 线行穿越 – 杆塔记录航点 1

遇到线行穿越时，打点 25m 航线时，飞向线行穿越处，保持云台回中，在距离线行穿越处 5m 外悬停，如果穿越处，上方导线和下方地线净空距离在 30m 及以上，可直接在上方导线和下方地线之间飞行，云台向下，在地线上方 25m 或地线占屏比在整个界面六分之一，记录航点，云台回中，同一高程缓慢前进，直至离开上方导线的覆盖范围，记录航点。记录航点如图 1.78 所示。

图 1.78　杆塔 – 线行穿越 – 杆塔记录航点 2

b）需要变高。遇到线行穿越时，打点 25m 航线时，飞向线行穿越处，云台回中，在距离线行穿越处 5m 外悬停，如果穿越处，上方导线和下方地线净空距离在 30m 以下，不可直接在上方导线和下方地线之间飞行，云台向下，在地线上方 25m 或地线占屏比在整个界面三分之二以上，记录航点。记录航点如图 1.79 所示。

图 1.79　杆塔－线行穿越－杆塔记录航点 3

云台回中，垂直上升，当屏幕中点与地线相切时，悬停，记录此时的相对高度 37.9m，垂直上升至相对高度 43m，记录航点，此时无人机海拔比地线海拔高出 5m。记录航点如图 1.80 所示。

图 1.80　杆塔－线行穿越－杆塔记录航点 4

e.杆塔－线行跨越－杆塔。线行下方有 110kV 及以上线路或需要关注的跨越物，可增加航点，如图 1.81 所示。

图 1.81　增加航点

f. 杆塔 – 高速公路 / 铁路 – 杆塔。当线行跨越高速公路、铁路时，在距离高速公路、铁路 25m 外，地线上方 5m 处记录航点，垂直上升 20m，记录航点。在执行航线时，手动控制云台，确保高速公路、铁路被完整扫描。记录航点如图 1.82 所示。

图 1.82　杆塔 – 高速公路 / 铁路 – 杆塔记录航点

g. 高塔 – 高塔。

a）第一条航线：高塔为 N、$N+1$，在杆塔 N 地线上方 5m，记录航点，保持在地线中间飞行，每 50m 打点一次，直到到达 $N+1$，在杆塔 $N+1$ 地线上方 5m，记录航点。

垂直上升，到达杆塔 $N+1$ 地线上方 25m，记录航点；保持地线占屏比，每 50m 打点一次，直到 N，在杆塔 N 地线上方 25m，记录航点。

b）第二条航线：环绕杆塔 N 基础打点，飞行至线行中间在最下相导线与地面、河面中间，向 $N+1$ 方向飞去，每 50m 打点一次，查看安全距离，直到 $N+1$ 前，环绕 $N+1$ 基础打点。航线点云如图 1.83 所示。

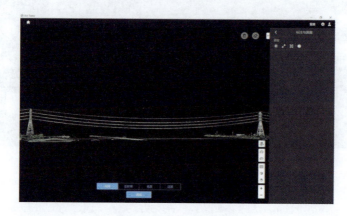

图 1.83 航线点云

航线设置如下：

a）创建航线。选择航线飞行 / 创建航线 / 航点飞行 / 在线任务录制。

b）手动打点。起飞，飞向第一个目标航点，到达后航点后按快捷键"C1"，记录当前航点，该航点信息包括经纬度、绝对高度、机头朝向，按快捷键"C2"，可删除上一个航点。

c）保存航点。单击"保存"图标，保存所有航点，生成初始航线，单击"修改"图标，单击"浏览"图标，进入设置航线的界面，下方标红的是航线预计时间。

d）航线名称、负载设置。修改航线名称，最少要包括线路名称、区段，必要可加备注，如日期、航线高度、执行情况。修改航线名称如图 1.84 所示。

选择飞行器，默认是 M300 RTK，无需修改。默认负载为 L1。

单击"负载设置"下方的"云台Ⅰ"，回波模式选择"双回波"，采样频率默认选择"240kHz"，扫描模式选择"非重复扫描"，真彩上色不勾选。

默认高度模式为"相对起飞点高度"。

e）航点速度、惯导标定，如图 1.85 所示。

图 1.84　修改航线名称

图 1.85　航点速度、惯导标定

航线速度默认"5m/s"，调整为"7m/s"。相对起飞点高度默认，无需修改。飞行器偏航角，默认"沿航线方向"，无需修改。云台控制，默认"手动控制"。航点类型，默认"直线飞行，飞行器到点停"。"惯导标定"勾选。节能模式默认不勾选。完成动作默认"自动返航"。

f）航点设置。进入每个航点设置，默认最后一个航点开始设置。速度、相对起飞点高度、飞行器偏航角、航点类型、飞行器旋转方向、云台俯仰角，默认，无需修改。单击"添加动作"。航点设置如图 1.86 所示。

图 1.86　航点设置 1

进入每个航点设置，默认最后一个航点开始设置。

速度、相对起飞点高度、飞行器偏航角、航点类型、飞行器旋转方向、云台俯仰角，默认，无需修改。单击"添加动作"。航点设置如图 1.87 所示。

图 1.87　航点设置 2

依次单击"结束间隔拍照""结束录制点云模型"。最后一个航点设置完成。切换到第一个航点，其他默认，只单击"航点动作/添加动作"。航点设置如图 1.88 所示。

图 1.88　航点设置

依次单击"开始录制点云模型""开始等时间间隔拍照"。"开始等时间间隔拍照"默认时间间隔是 3s，修改为 1s。航点设置完成。单击"保存"图标。航线设置完成。

（3）航线执行。

1）负载惯导预热。航线执行如图 1.89 所示。L1 负载启动后需要预热 3~5min，当 App 界面和语音提示"负载惯导预热已完成"，再开始数据采集。可在空中完成预热过程。

图 1.89　航线执行

2）航线执行前设置。单击"执行"图标，开始执行航线。电池续航时间 – 航线预计时间＞返航时间。飞前检查，查看界面的各项设置，确认无误后，单击"下一步"。航线执行前设置如图 1.90 和图 1.91 所示。

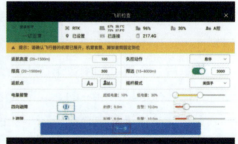

图 1.90　航线执行前设置 1

图 1.91　航线执行前设置 2

单击"执行"图标，开始执行航线。电池续航时间 – 航线预计时间＞返航时间。飞前检查，查看界面的各项设置，确认无误后，单击"下一步"。单击"开始执行",航点就开始执行。

惯导标定:

a)航线自带标定,如图1.92所示。

图 1.92 航线自带标定

图 1.92 中,航线为黄色部分,为惯导标定的飞行部分。

当第一个航点和第二个航点距离大于 30m 时,会在执行航线前自动进行惯导标定。在 30m 的直线范围进行 3 次加减速飞行。

当最后一个航点和倒数第二个航点距离大于 30m 时,会在结束航线后自动进行惯导标定。在 30m 的直线范围进行 3 次加减速飞行。

在执行航线过程中会执行若干次惯导标定,每次在 30m 的直线范围进行 1 次加减速飞行。

惯导标定:校准激光雷达的惯性导航,提高模型精度。

b)手动标定,如图1.93所示。

图 1.93 手动标定

航点设置完成后,浏览第一个航点和第二个航点的航线距离,最后一个航点和倒数第二个航点的航点距离。当第一个航点和第二个航点距离小于30m时，不会在执行航线前进行惯导标定。需要在执行航线任务前进行手动标定。选择周围30m范围内无障碍物的高空，单击"惯导标定"图标，单击"开始执行"。惯导标定结束后，再执行航线。执行航线如图1.94所示。

图 1.94　执行航线

单击"开始执行"。黄色虚线的轨迹就是惯导标定的飞行轨迹。惯导标定结束后，再执行航线，如图1.95所示。

图 1.95　开始执行

当最后一个航点和倒数第二个航点距离小于30m时，不会在结束航线时进行惯导标定。

需要在航线任务结束后进行手动标定。选择周围30m范围内无障碍物的高空，单击"惯导标定"图标，单击"开始执行"。惯导标定结束后，返航。

3）航线执行过程注意事项。

a.任务开始，云台向下，航拍界面如图1.96所示。

图 1.96　航拍界面 1

　　航线任务开始后，云台向下，左手拇指放在遥控器暂停按钮上，关注航线进度，电池续航时间，切回 L1 视角，关注相对高度、测距、地线占屏比，如果出现航点偏差，立刻暂停，检查航线、RTK 信号。

　　b. 航线飞行，航拍界面如图 1.97 所示。

图 1.97　航拍界面 2

　　第一个航点后，切回 FPV 视角，关注右下 L1 镜头的导地线占屏比，关注测距信息，下个航点，关注左下航线信息。飞行过程，关注通道情况，正常打点过程无异常，执行航线相对安全，右图有塔吊，避免在线行旁飞行，经过时需要注意。

　　c. 低电量报警。

　　a）关注图传信号和遥控器信号，保持在三格以上，避免断图传、断遥控器信号，如图 1.98（a）所示。

　　b）低电量报警后，应尽快返航，如图 1.98（b）所示。

（a）图传信号和遥控器信号　　　　　　（b）低电量报警

图 1.98　低电量报警

d. RTK 信号中断。关注卫星信号，当出现卫星信号为零，航线任务会暂停，应检查 RTK 信号，如图 1.99（a）所示。RTK 信号恢复后，单击"执行"图标，选择"断点"，如图 1.99（b）所示。出现 RTK 信号中断的任务需标记出来，建议返航后，立刻用大疆智图解算出激光点云数据，判断是否要重飞或补飞。

（a）检查 RTK 信号　　　　　　　　　　（b）选择"断点"

图 1.99　RTK 信号中断

e. 风速过大，如图 1.100 所示。

图 1.100　风速过大

提示"风速过大，谨慎飞行"，现场需关注。逆风飞行时，续航时间会降低，预留充足的返航时间。特别是降落过程，在较狭窄环境，建议关闭避障降落，避免触发避障时，被强风吹至障碍物造成炸机。

f. 遥控器、图传信号。提示"图传信号微弱，请调整天线""实时点云传输不稳定，点云数据正常采集中"，现场需关注，如图 1.101（a）所示。提示"图传信号微弱，请调整天线，并谨慎打杆"，图传会卡顿、延迟，如图 1.101（b）所示。

（a）提示情况 1 　　　　　　　　（b）提示情况 2

图 1.101　遥控器、图传信号

2. 输电电缆线路

（1）通道环境开阔，通道上方无遮挡。在电缆通道垂直上方 20~40m 为宜，航线高度应高于地表障碍物 5m 以上，采取手动打点，采取航点飞行，航线速度 7m/s 及以下，云台角度 –70°，设置每秒拍照，航线设置顺序航线、逆序航线，各执行一次。顺序、逆序航线如图 1.102 和图 1.103 所示。

图 1.102　顺序航线

图 1.103　逆序航线

（2）通道环境开阔，通道上方半遮挡。第一条航线，在电缆通道斜上方，航线高度应高于地表障碍物 5m 以上，采取手动打点，打点时电缆通道应在云台相机视角内。第二条航线，以第一条航线的终点为起点，电缆通道垂直上方 20~40m 为宜，航线高度应高于地表障碍物 5m 以上，以第一条航线的起点为终点，采取手动打点。两条航线可合并执行。手动打点完成后进行航点飞行，航线速度 7m/s 及以下，云台角度根据实际调整，设置每秒拍照。航点飞行界面如图 1.104 所示。

图 1.104　航点飞行界面

（3）通道环境开阔，通道被全遮挡。第一条航线，在电缆通道一侧斜上方，航线高度应高于地表障碍物 5m 以上，采取手动打点，打点时电缆通道应在云台相机视角内。第二条航线，以第一条航线的终点为起点，电缆通道垂直上方 20~40m 为宜，航线高度应高于地表障碍物 5m 以上，以第一条航线的起点为终点，采取手动打点。第三条航线，以第二条航线的终点为起点，在电缆通道另一侧斜上方，航线高度应高于地表障碍物 5m 以上，以第二条航线的起点为终点，采取手动打点，打点时电缆通道应在云台相机视角内。第四条航线为第一条航线的逆序。手动打点完成后进行航点飞行，航线速度7m/s 及以下，云台角度根据实际调整，设置每秒拍照。航点飞行界面如图1.105 所示。

图 1.105　航点飞行界面

1.5.2.2　数据要求

1. 架空输电线路

录制的点云数据存储于 L1 负载上的 microSD 卡里，存储目录为 microSD：DCIM/DJI_YYYYMMDDHHMM_XXX_Zenmuse–L1-mission（自定义），（自定义）不支持使用中文字符。

将该架次的文件夹放入对应区段。区段的上级文件夹命名：电压等级 + 线路名称 + 区段 + 采集日期，如图 1.106 所示。

图 1.106　架空输电线路文件命名格式

巡检数据应包括点云文件、可见光照片、其他文件，其中其他文件包括起飞点 KML、打点航线 KML、禁飞区信息。

2. 输电电缆线路

录制的点云数据存储于 L1 负载上的 microSD 卡里，存储目录为 microSD : DCIM/DJI_YYYYMMDDHHMM_XXX_Zenmuse-L1-mission（自定义），（自定义）不支持使用中文字符。

每个架次为独立的文件夹。架次文件夹的上级文件夹命名：电压等级＋线路名称＋区段＋日期，如图 1.107 所示。

巡检数据应包括点云文件、可见光照片、其他文件，其中其他文件包括起飞点 KML、打点航线 KML、禁飞区信息。

图 1.107　输电电缆线路文件命名格式

2

数据分析种类
与技巧

2.1
精细化作业数据分析

2.1.1 简介

    无人机精细化作业通过对输电线路设备及附属设施进行全方位、多角度定点拍照的方式来完成精细化图片收集，通过输配电设备缺陷图像识别系统对精细照片进行快速分析并按"缺陷定级标准"完成缺陷的复核，同时生成精细化巡检报告。在开展精细化作业数据分析时需要重点关注导地线、线路金具、绝缘子、线夹、附属设施、基础、周边环境是否存在缺陷、是否满足反措要求等。典型隐患和缺陷详见"隐患缺陷分析实例"。

2.1.2 精细化作业数据分析要求

1. 数据要求

可见光设备照片、视频数据要求。可见光照片的格式要求如下：

1）分辨率：像素建议不低于 1920×1080ppi；

2）标准格式：照片格式为 JPEG 格式；

3）文件大小：单张照片不大于 12M；

4）画质要求：要求图片清晰，无抖动现象；

5）可见光视频格式宜采用 MPEG4 格式，应支持 H.264/AVC 视频编码标准。数据成果见表 2.1。

表 2.1　数据成果

序号	成果命名	成果类型	说明
1	地市局 _ 电压等级 _ 线路名称 _ 杆塔号 _ 采集类型 _ 部件类型 _ 采集日期，如：江门 _500_ 襟桂乙线 _N28 可见光 _ 导地线 _20170510	可见光照片	部件类型的范围为"导地线、杆塔、金具、绝缘子、杆塔基础、接地装置、拉线系统、附属设施、防雷设施、在线监测设备"等
2	地市局 _ 电压等级 _ 线路名称 _ 杆塔号 _ 缺陷简述 _ 采集日期，如：江门 _500_ 襟桂乙线 _N28_ 上相挂点缺销钉 _20170510	缺陷照片	缺陷简述的格式为"相－侧－部－问"，如"上相挂点缺销钉"；设备缺陷详细数据由接口方式获取
3	地市局 _ 电压等级 _ 线路名称 _ 杆塔号 _ 采集类型 _ 部件类型 _ 采集日期，如：江门 _500_ 襟桂乙线 _N28 可见光 _ 导地线 _20170510	视频	部件类型的范围为"导地线、杆塔、金具、绝缘子、杆塔基础、接地装置、拉线系统、附属设施、防雷设施、在线监测设备"等

2. 上传工具

使用上传工具完成精细化巡视照片的分塔、命名和上传，例如广东电网公司使用机巡云盘。巡视数据的上传及分塔和命名如图 2.1 所示。

（a）数据的分塔和命名

（b）巡视数据的上传

图 2.1　巡视数据的上传及分塔和命名

3. 数据复核

待完成精细化作业数据的上传后，在输配电设备缺陷图像识别系统对上传数据开展自动识别后，对识别完成的报告开展复核。缺陷图像识别系统任务管理界面如图 2.2 所示。

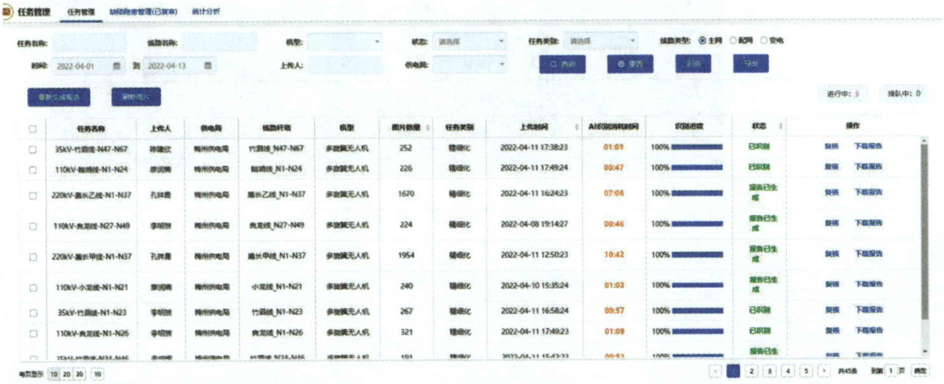

图 2.2　缺陷图像识别系统任务管理界面

4. 缺陷判断

开展精细化作业数据复核除需要对自动识别出来缺陷进行判断，还需对每一照片每一个零部件进行分析判断，确保精细化作业数据分析的准确性。缺陷复核界面如图 2.3 所示。

（a）识别缺陷数据复核

图 2.3　系统缺陷复核界面（一）

（b）正常图像数据复核

图 2.3　系统缺陷复核界面（二）

5. 缺陷定级

按照《南方电网公司输电设备缺陷定级标准》《广东电网公司输电设备缺陷定级标准实施细则》对发现的缺陷完成定级，如有发现重大缺陷应 24h 内通知运维班组初步分析结果。缺陷详情如图 2.4 所示。

图 2.4　缺陷详情

6. 上报审核

待完成全线精细化作业数据复核无误后，单击复核完成将自动生成精细化巡视报告，同步推送至南方电网管理平台智能巡检模块巡检报告生成。数据分析员核对缺陷无误后上报至下一级审核。巡检报告管理界面如图 2.5 所示。

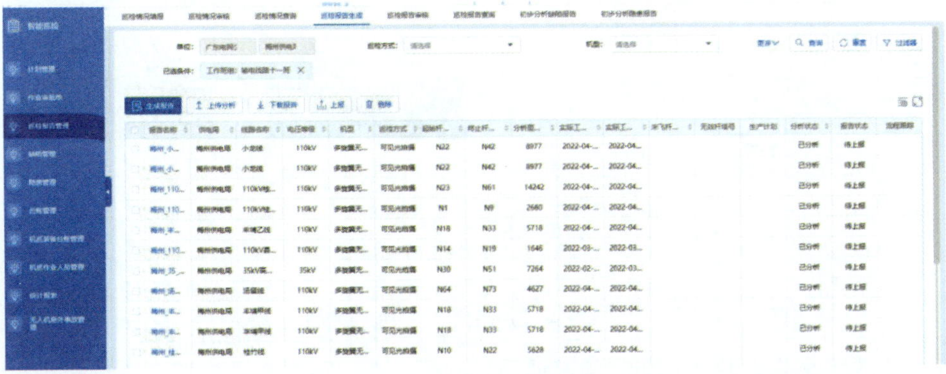

图 2.5　南方电网管理平台智能巡检模块巡检报告管理界面

2.1.3　精细化作业报告要求

数据分析员分析完成后，可在任务管理员界面的任务列表中，勾选已经分析完成的任务，单击"下载 Word 报告"或"下载 Excel 报告"，或"下载 Excel 报告（不含图像）"，下载相应报告，下载报告界面如图 2.6 所示。

图 2.6　下载报告界面

（1）下载 Word 文档报告，包含"紧急、重大缺陷明细"和"一般、其他缺陷明细"，Word 缺陷报告如图 2.7 所示。

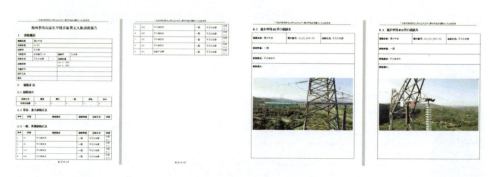

图 2.7　缺陷报告示例

（2）下载 Excel 报告，包含：缺陷图片、缺陷隐患初步分析结果汇总表，Excel 缺陷报告图片示例如图 2.8 所示。

图 2.8　缺陷报告图片示例

（3）下载 Excel 报告（不含图像），仅导出 Excel 统计表（缺陷隐患初步分析结果汇总表），Excel 缺陷报告统计如图 2.9 所示。

图 2.9　Excel 缺陷报告统计示例

2.2
红外测温作业数据分析

2.2.1 简介

规范化无人机红外测温巡检可获得大批量热像图，通过输配电设备缺陷图像识别系统能测量并提取热像图中设备的状态信息，利用软件正确检测重点部位温度和对照参照点温度，可判别设备有无故障、故障属性、故障存在位置和严重程度，从而确定设备缺陷级别、缺陷消除方式和消除时间。该测量分析方式具有自由检测、快速高效、准确适用、多区域分析、全面覆盖等优点，有利于避免无效巡检和漏检，提高工作效率，大大减少巡检作业压力和难度。

2.2.2 分析要求

1. 数据要求

为有效准确开展测温分析，高清晰度高精度红外成像是必要前提，利用无人机拍摄获得的照片应保证分辨率在 640×480 及以上，红外照片应能轻易识别出设备类别型号，并且设备边缘清晰可见、画面层次分明，同时红外成像视野不宜过大也不宜过小，避免出现放大后设备模糊不清或设备不完整现象。在测温精度方面，红外成像温度范围应包括 −20℃ ~+350℃区段，准确度在 ±2℃或读数的 ±2% 以内。

2. 测温方法

为快速高效地分析红外图像，对其进行格式化命名和分类存入文件夹是重要前提。红外图像通过专用分析软件选择并打开，分析检测人员应初步浏览图像，判断有无温度过高、温度分布异常的设备。对存在异常的图像，应深度红外测量分析，检测人员应选用合适的测量工具测量目标点位或区域，获取目标的最高温度或温度分布情况。

3. 测温参照选取

测温参照点的选取对缺陷判别和缺陷定级有直接影响，根据相对温差判断法和图像特征判断法，测温参照可选择三相电流对称时正常相的对应部位和正常状态下的被检部位，如发热绝缘子的参照物宜选择同一杆塔其他绝缘子的对应位置，并沟线夹、地线线夹、耐张线夹、跳线联板和接续金具可选择金具 1m 外导线。

4. 测温目标选取

测量目标应依据测量任务合理选取，测量目标选取执行时应注意以下事项：

（1）测量区域应符合适用性，不应仅选中异常温度范围内较低区。

（2）使用面积测量工具框选的区域应尽可能贴合设备边缘，不宜溢出。

（3）使用面积测量工具框选区域应满足最高温度不落在杆塔、背景物体或地面上等。

（4）应注意表面光洁度过高的不锈钢材料、其他金属材料和陶瓷所引起的反射和折射而可能出现的虚假高温现象。

2.2.3 报告要求

红外检测作为发现电气设备缺陷的重要手段之一，其测试记录和诊断报告应详细、全面并妥善保管。可建立红外数据库，将红外检测和诊断信息纳入设备信息管理系统中进行管理。

红外检测报告应包含仪器型号、出厂编号、检测日期、检测环境条件、检测地点、检测人员、设备名称、缺陷部位、缺陷性质、负荷（率）、图像资料、诊断结果及处理意见等内容。

现场应详细了解和记录缺陷的相关资料，及时提出检测诊断报告。电气设备红外检测报告和电气设备现场检测记录的格式可分别参照 DL/T 664—2016

《带电设备红外诊断应用规范》中表 F.1 和表 F.2。

1. 设备台账信息

根据 DL/T 664—2016 中 10.1 的要求，红外检测发现的设备过热（或温度异常）缺陷应纳入设备缺陷技术管理范围，按照设备缺陷管理流程进行处理。检测人员应依照详细全面的检测报告，直接获取设备状态信息，将其录入设备台账中，并将红外检测记录和诊断信息同时收入设备信息管理系统中作为依据。若红外检测发现的缺陷已启动或处于缺陷消除流程中，应跟进处理进度，复测检修后设备温度状态，将检修结果和复测后的设备信息详细记录在设备台账中。

2. 环境信息

环境信息是红外检测、缺陷判定和检测报告中不可或缺的一部分，其对红外检测效果、红外分析准确度有直接影响。因此，在执行红外测温巡检前，应当利用温湿度计、风速仪等工具准确测量作业现场环境信息，并记录在无人机巡检系统使用记录单和电气设备现场检测记录中。环境信息应至少包含作业现场天气、风速、温度、湿度、设备负荷电流等信息。若测得环境信息不满足相应作业要求，宜谨慎判断缺陷性质和确定缺陷等级。

3. 缺陷定级

对于初步判断可能存在设备温度过高或温度分布异常的红外成像，应对其深度分析，可采用表面温度判断法、相对温差判断法、图像特征判断法进行分析。

（1）表面温度判断法。根据测得的设备表面温度值，结合检测时环境气候条件和设备的实际电流（负荷）等信息，按照电气设备中各设备的最高允许温度和温升标准，判别出温度或温升超过标准的设备。

（2）相对温差判断法。主要适用于电流致热型设备，特别是检测时电流（负荷）小，且按照表面温度判断法未能确定缺陷类型的电流致热型设备，对温度异常的导流设备，应采用此方法精确分析，计算出相对温差值，计算公式如下：

$$\delta = \frac{\tau_1 - \tau_2}{\tau_1} \times 100\% = \frac{T_1 - T_2}{T_1 - T_0} \times 100\%$$

式中：τ_1 和 T_1 为发热点的温升和温度，℃；τ_2 和 T_2 为正常相对应点的温升和温度，℃；T_0 为被检测设备区域的环境温度，℃。

（3）图像特征判断法。主要适用于电压致热型设备。根据同类型设备的正常状态和异常状态的热像图，判断设备是否正常。

对分析判别出的温度异常设备，应按照缺陷定级标准确定缺陷性质和缺陷等级。根据 DL/T 664—2016 中表 H.1，过热（或温度异常）缺陷对电气设备运行的影响程度，一般分为三个等级：

（1）一般缺陷：当设备存在过热，比较温度分布有差异，但不会引发设备故障，一般仅做记录，可利用停电（或周期）检修机会，有计划地安排试验检修，消除缺陷。对于负荷率低、温升小但相对温差大的设备，如果负荷有条件或有机会改变时，可在增大负荷电流后进行复测，以确定设备缺陷的性质，否则，可视为一般缺陷，记录在案。

（2）严重缺陷：当设备存在过热，或出现热像特征异常，程度较严重，应早做计划，安排处理。未消缺期间，对电流致热型设备，应有措施（如加强检测次数，清楚温度随负荷等变化的相关程度等，必要时可限负荷运行；对电压致热型设备，应加强监测并安排其他测试手段进行检测，缺陷性质确认后，安排计划消缺。

（3）紧急缺陷：当电流（磁）致热型设备热点温度（或温升）超过规定的允许限值温度（或温升）时，应立即安排设备消缺处理，或设备带负荷限值运行；对电压致热型设备和容易判定内部缺陷性质的设备（如缺油的充油套管、未打开的冷却器阀、温度异常的高压电缆终端等）其缺陷明显严重时，应立即消缺或退出运行，必要时，可安排其他试验手段进行确诊，并处理解决。

4. 趋势分析

对已作出缺陷判断或无法判断缺陷的设备，可根据采用实时分析判断法。即在一段时间内让红外热像仪连续检测 / 监测一被测设备，观察、记录设备温度随负载、时间等因素的变化，并进行实时分析判断。多用于非常态大负荷试验或运行、带缺陷运行设备的跟踪和分析判断。

参考引用规范如下：

DL/T 664—2016《带电设备红外诊断应用规范》

DL/T 1482—2015《架空输电线路无人机巡检作业技术导则》

DL/T 741—2019《架空输电线路运行规程》

DL/T 758—2009《接续金具》

DL/T 757—2009《耐张线夹》

2.3
倾斜摄影测距数据分析

2.3.1 简介

在输电线路运行过程中，线路通道内的树木足够接近导线时，高压电流就容易击穿空气产生放电，进而对输电安全产生危害。通过倾斜摄影测量或激光雷达的方式生成高精度三维输电通道模型，用于输电线路的位置状态的动态分析。

倾斜摄影数据，对构建输电线路三维走廊场景，实现输电走廊可视化，走廊走廊各物体可测量，对走廊内的树木隐患、建筑隐患、交叉跨越情况、违章建筑、违章施工、杆塔基础护坡情况等自动进行分析告警，实现输电设备运行状态风险评估、辅助决策和直观展示，为设备运维决策提供数据支撑，从而保障设备安全稳定运行提供保障。

输电线路倾斜摄影数据分析主要用于以下几个方面的应用：

（1）线路走廊地形地貌变化的快速巡检，在输电线路走廊范围内经常出现滑坡、塌方、位移等地质变化对输电线路会造成严重影响的区域。通过倾斜摄影采集的高精度三维点云数据生成三维模型，可以直观地看出输电走廊的地形地貌变化，从而为相关维护部门或设计提供翔实的决策、管理及设计方案依据。

（2）检测输电线路导线与其所处环境的地物间（尤其是建筑、植被）距离，确保两者之间符合规定的安全距离，对于铁路、高速公路、已建输电线路等沿线重要交叉跨越，在倾斜摄影三维模型上可准确量测被跨越物的坐标、距离与高度信息，可为设计合理优化线路路径跨越位置，有利于跨越塔架设和放线施工，有效控制工程投资造价。同时，综合协调需建线路与沿线交叉跨越设施的矛盾，减少交叉跨越已建输电线路，特别是高电压等级的输电线路，降低施工过程中的停电损失，实现电力建设与经济建设的和谐发展。

（3）电力线之间的距离测量，在恶劣的自然环境条件下，电线会出现严重风偏、覆冰的情况，经常引发输电线之间的交叉、分裂或安全净距不够而导致输电线路短路故障。利用精确的三维倾斜摄影模型，可精确计算导线之间距离并快速定位故障点。

2.3.2　分析基本条件和要求

包括解算软件（以大疆智图为例）、分析软件（电网树患分析云系统、电力通道隐患与缺陷自动分析系统）。

（1）大疆智图硬件要求如下：

1）相当于或优于 Intel Xeon W-2123（3.6GHz 基础频率、使用英特尔睿频加速技术时最高可达 3.9GHz、8.25MB 高速缓存、6 核）。

2）要求当前配置：$\geqslant$ 32GB（4 × 8G），DDR4 以上；频率：$\geqslant$ 2666MHZ；最大可配置：$\geqslant$ 256GB，最大内存插槽总数：$\geqslant$ 8。

3）要求相当于或优于 NVIDIA Quadro P4000 8GB（4）DP GFX 显卡。

（2）电网树患分析云系统硬件要求如下：

1）服务器操作系统：Windows7 及以上；

2）可兼容此系统浏览器版本见表 2.2；

表 2.2　树患分析云系统硬件要求

浏览器	版本号
Google Chrome（效果最佳）	62 版本以上
Firefox	75 版本以上
Microsoft Edge	80 版本以上

3）电力通道隐患与缺陷自动分析系统硬件要求：推荐 I7-8565U 1.8G 处理器及以上、16G 内存及以上、Nvidia 显卡（支持 cuda）、数据存放硬盘 2T 以上。

2.3.3　解算、分析软件介绍

倾斜摄影测距图片解算点云 LAS 建模的软件主要有大疆智图，还有各个电网内部基于智图 sdk 解算等方式。

1. 使用大疆智图解算（示例版本号 3.3.0）

（1）打开大疆智图，新建任务，并单击"可见光"，如图 2.10 所示。

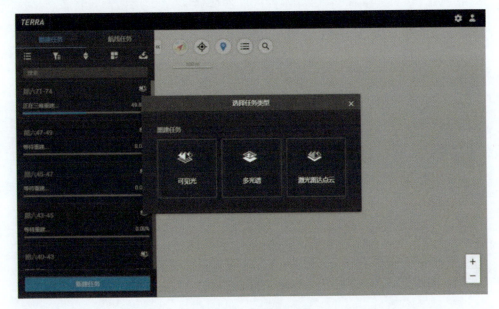

图 2.10　新建任务

（2）导入需要建模照片。

（3）选择建模场景（电力场景），选择已知坐标系（WGS84/UTMzone 为例），单击"开始建模"，耐心等待即可，如图 2.11 所示。

图 2.11　开始建模

（4）建模效果图如图 2.12 所示。

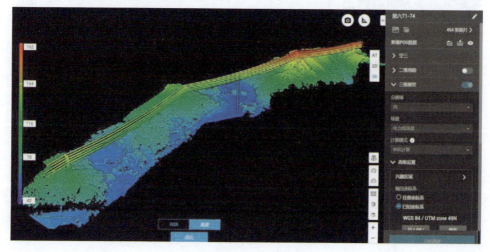

图 2.12　建模效果图

2. 电网内部树障分析云系统

登录界面：输入正确的用户名和密码，单击"登录"按钮，如图 2.13 所示。

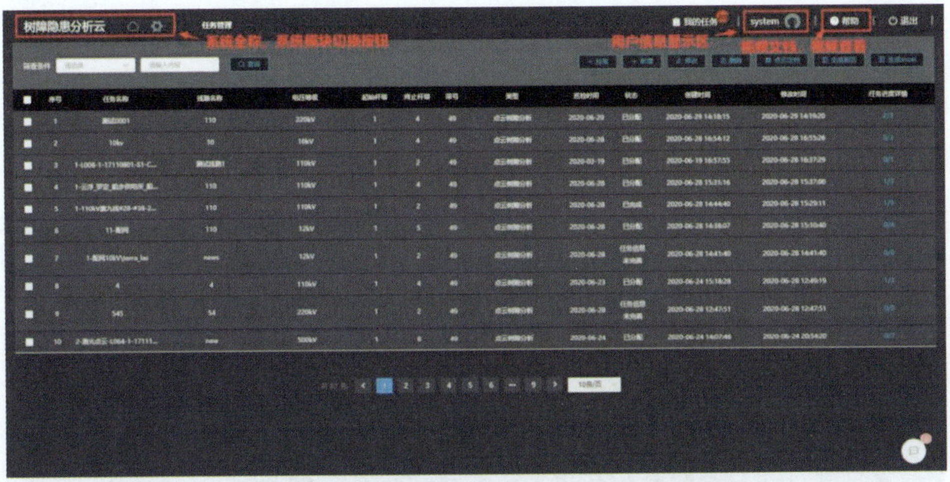

图 2.13　树障隐患分析云系统主界面

3. 任务管理操作流程

任务管理主要包括任务、新增、修改、删除、点云定档、生成 Word 报告、生成 Excel 报告、任务筛选查询。具体操作说明如下：

（1）新增任务。单击"新增"按钮，弹出的界面如图 2.14 所示。新建窗

图 2.14　新增任务

口填写电压等级、地市级等相关信息，任务名称自动匹配生成；单击"上传杆塔"按钮，上传杆塔 KML 文件；单击"点云文件"按钮，上传点云 las 文件，单击"确定"按钮，完成新增任务操作。

（2）全自动化任务。单击"新增"按钮，弹出的界面如图 2.15 所示，完善任务信息，上传杆塔 KML 文件；单击点云文件按钮，上传点云 las 文件，单击"确定"按钮，单击"全自动按钮"可将 las 文件裁切、一键分类、一键分析，完成全自动化任务操作。

图 2.15 全自动化任务

（3）修改任务。列表栏中勾选单条任务数据，单击"修改"按钮，可对任务数据进行修改更新，如图 2.16 所示。

（4）删除任务。列表栏中勾选单条或多条数据，单击"删除"按钮；在弹出的窗口单击"确认"按钮，完成删除功能操作，如图 2.17 所示。

（5）定塔切档。进入定档切档界面，可对点云进行去噪功能，如图 2.18 所示。单击"去噪"按钮，去噪成功后，单击"去噪"和"非去噪"选项查看是否去噪正确，也可进行在点云界面框选划分去噪。

（6）点云定档，导出 KML，下载点云文件，如图 2.19 所示。

图 2.16　修改任务

图 2.17　删除任务

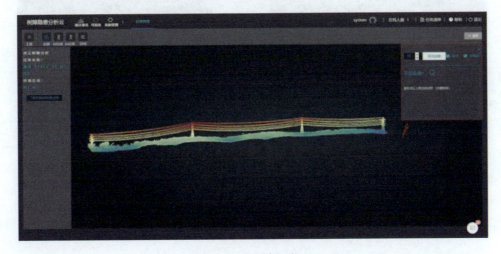

图 2.18　定塔切档

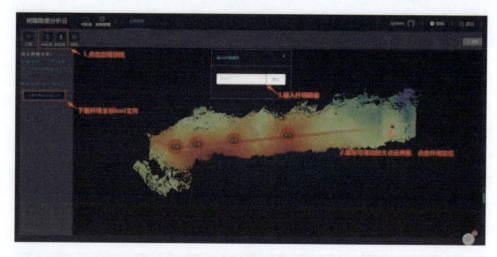

图 2.19 下载点云文件

（7）裁切杆塔。定档后，单击"切档"按钮，在弹出的裁切框界面，系统根据任务的不同电压等级设置默认宽度，单击"确认"按钮。裁切杆塔如图 2.20 所示。

图 2.20 裁切杆塔

（8）树障隐患分析操作流程。单击列表中的已经裁切后的任务名称，将跳转至树障隐患分析操作界面，如图 2.21 所示。注意：任务名称下有一条横线属于树障隐患分析入口，单击该处可进入树障隐患分析操作界面。

图 2.21 执行树障任务

（9）自动分类。选择杆塔区间，单击"自动分类"按钮，将对地面、导线、铁塔、植被等主要类型激光点云进行云端自动分类，自动分类后的点云如图 2.22 所示。

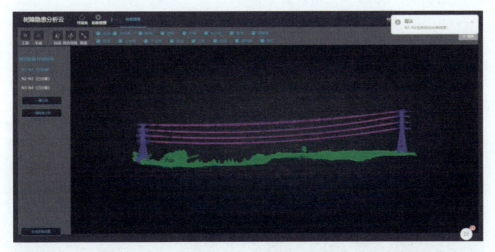

图 2.22 自动分类

（10）手动分类。"自动分类"或"一键分类"后，点云存在部分未被分类以及分类有误的情况下，可单击手动分类；单击"手动分类"按钮，单击多边形按钮，框选出一个指定的区域，鼠标右键结束框选后，选择分类类型，单击手动分类框中的"提交"按钮，完成手动分类操作。手动分类如图 2.23 所示。

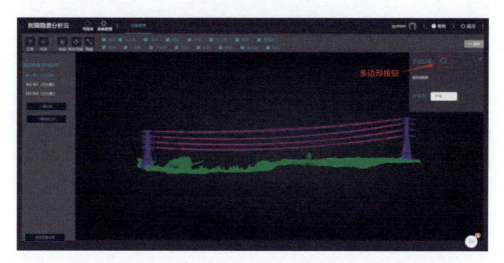

图 2.23　手动分类

（11）拟合导线。点云导线缺失情况下，单击"拟合导线"按钮，单击弹出新增下导线框中的"添加刺点"按钮，鼠标移动至缺失的导线上，单击刺点框中的"提交"按钮，实现导线模型的拟合。拟合导线如图 2.24 所示。注意：每条拟合线至少添加三个刺点。

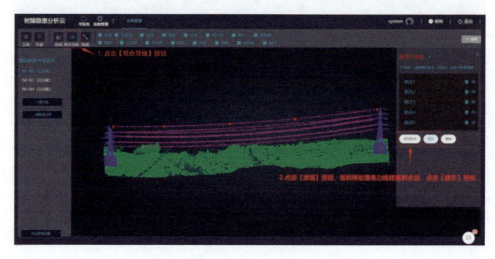

图 2.24　拟合导线

（12）安全距离设置。隐患分析前可对当前安全距离进行设置，安全距离设置管理员设置标准数据给数据员作为参考价值，如图 2.25 所示。

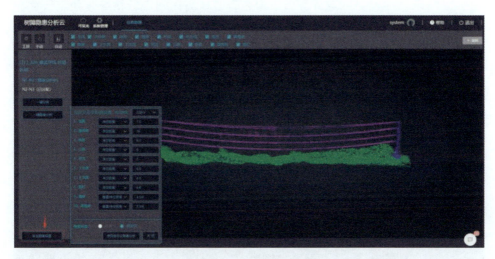

图 2.25　安全距离设置

（13）隐患分析。单击"隐患分析"按钮，将点云矢量化得到导线空间模型与植被点云进行树障隐患点分析云计算，标注隐患点计算结果，如图 2.26 所示。注意：自动分类、或一键分类后或通过手动分类或拟合导线纠正点云后方可执行隐患分析。

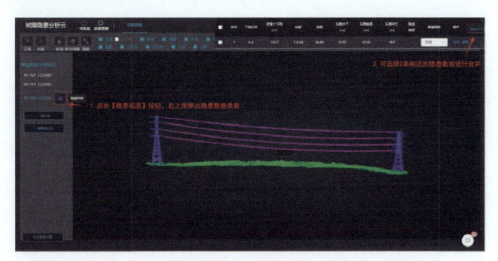

图 2.26　隐患分析

（14）一键分类。单击"一键分类"按钮，将该任务的所有杆塔区间一次性将对地面、导线、铁塔、植被等主要类型激光点云进行云端自动分类，如图 2.27 所示。注意：一键分类后单击查看各杆塔区间点云情况，如点云存在部分未被分类以及分类有误的情况下，可单击手动分类将未分类的以及分类有误的点云纠正再执行一键隐患分析。

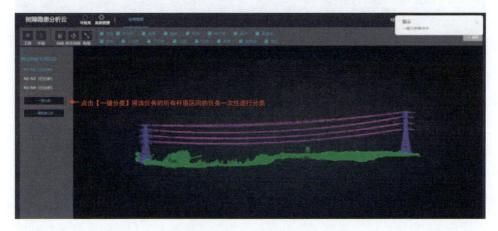

图 2.27　一键分类

（15）一键隐患分析。单击"一键隐患分析"按钮，将该任务的所有杆塔区间一次性点云矢量化得到导线空间模型与植被点云进行树障隐患点分析云计算，标注隐患点计算结果，如图 2.28 所示。

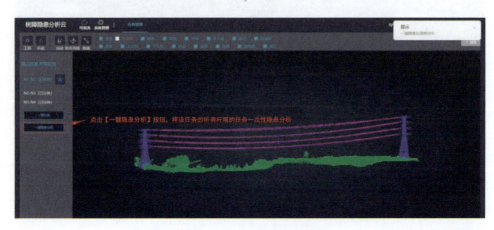

图 2.28　一键隐患分析

（16）推送支撑平台。完成的任务可单击"推送支撑平台"按钮，将该任务推送至支撑平台。列表栏中勾选状态为已完成的单条数据，单击"推送支撑平台"按钮，将隐患分析的 Word 报告、Excel 报告进行推送。推送支撑平台如图 2.29 所示。

图 2.29　推送支撑平台

（17）下载，如图 2.30 所示。

图 2.30　下载

4. 电力通道隐患与缺陷自动分析系统

（1）软件主页面如图 2.31 所示。

图 2.31　软件主页面

（2）线路添加。首先单击"数据管理"→"导入数据"，如图 2.32 所示。

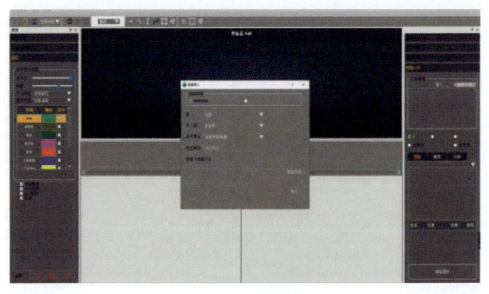

图 2.32　线路添加

（3）导入 GIM 文件。首先，将 .gim 文件扩展名修改为 .zip 文件并解压，启动软件，依次单击导航栏"数据管理"→"GIM 文件导入"，打开解压目录，选择解压后文件夹中的"CBM"文件夹，单击"确定等待导入"即可。

（4）隐患分类等级补充。当我们在系统中导入了一个新的电压等级线路时，需要对新电压等级线路的隐患缺陷分类等级做补充。

（5）新建工程。电力走廊数据分析分为激光数据和倾斜摄影数据两部分，也可以归结为纯点云分析模式或点云与相片相结合分析模式。新建工程步骤如下：

1）进入主页面后将功能调节按钮  调节至"空间分析"。

2）单击"线路管理"面板，在"线路管理"面板中选择处理线路所属的省、地市、电压、线路，如图 2.33 所示。

图 2.33　线路管理

3）单击界面右边"树障分析"板块中"导入"。

4）进行完毕步骤3）后，按照界面弹窗的要求完成文件关联。

5）单击界面右边"工程管理"中的工程 1 和区域 2 中的档距可出现隐患 1（见图 2.34）和隐患 2（见图 2.35）的详细信息的界面。

图 2.34　隐患 1

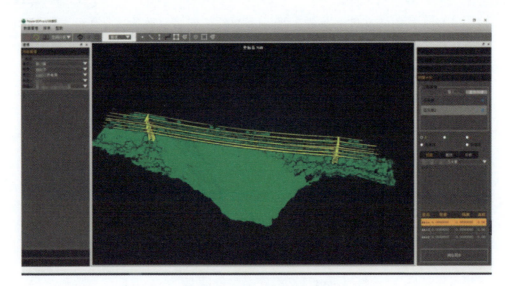

图 2.35　隐患 2

6）导线提取。提取导线同样有两种方式。纯点云分析模式适用直接基于点云提取导线方式，点云与相片相结合分析模式适用于基于立体相对提取导线方式。

工程新建成功后软件界面如图 2.36 所示。

图 2.36　工程新建成功后软件界面

a. 档距选择：工程新建完毕首先在"档距选择区域"单击鼠标左键选择当前需要处理的档距。

b. 杆塔选择：档距选择完毕后，在"杆塔选择区域"单击鼠标左键选择杆塔。"杆塔选择区域中"的 Amin 为小号侧杆塔、Amax 为大号侧杆塔、Amid 导线中间点。

c. 相线选择：杆塔选择完毕后，在"相线选择区域"选择相线。

a）小号塔（Amin）导线提取操作。在走廊左右侧照片集选择合适的图片（选择可清晰看到杆塔挂点的图片），如图 2.37 所示。

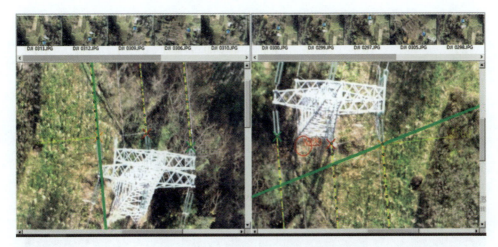

图 2.37　小号塔导线提取操作

选中合适的立体照片对后会出现以下画面，在杆塔的旁边出现一个黄色的相互垂直的大箭头和小箭头。黄色大箭头方向指向大号塔方向，小箭头所指方向的外侧挂点为导线 A 相挂点。

按照小箭头所指方向，将小箭头所指方向的外侧挂点定为 A 相导线挂点，小箭头反方向依次是 B、C。对于地线，小箭头指向一侧是 GL，反向是 GR。如果输电通道为双回路同塔，则只需选取 A、C 两相即可，A、B、C 三相判别示意图如图 2.38 所示。

选定好挂点位置后，我们依次在左右照片上选取挂点的同名像素点，即两张照片中拍到的同一地理位置上的点。

图 2.38　A、B、C 三相判别示意图

b）大号塔（Amax）提取。大号塔相线挂点提取与小号塔一样，操作步
骤参考小号塔挂点提取步骤即可。选择"杆塔选择区域"中的 Amax，大小号
塔判定示例如图 2.39 所示。

图 2.39　大小号塔判定示例

7）基于点云提取导线挂点（适用于未导入影像和空三目录）。工程新建
成功后界面如图 2.40 所示。

a. 档距选择：工程新建完毕首先在"档距选择区域"单击鼠标左键选择
当前需要处理的档距。

b. 杆塔选择：档距选择完毕后，在"杆塔选择区域"单击鼠标左键选

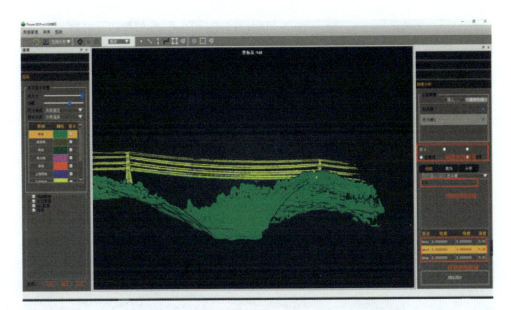

图 2.40　基于点云提取导线挂点工程新建成功

择杆塔。"杆塔选择区域中"的 Amin 为小号侧杆塔，Amax 为大号侧杆塔，Amid 导线中间点。

　　c. 相线选择：杆塔选择完毕后，在"相线选择区域"选择相线。单击工具栏中的 ━ 按钮（绘制弧垂按钮），分别在小号侧塔 A 相线挂点位置、A 相线中间位置、大号侧塔 A 相线挂点位置使用鼠标左键单击选中，系统会根据所选相线不同生成不同颜色的拟合导线。如图 2.41 所示。

（a）小号侧塔 A 相线挂点

图 2.41　绘制导线弧垂（一）

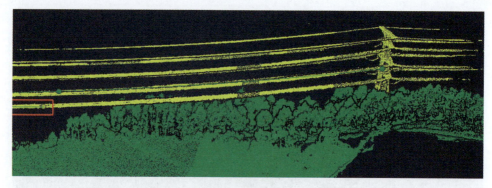

（b）小号侧塔 A 相线中间位置

（c）大号侧塔 A 相线挂点

图 2.41　绘制导线弧垂（二）

8）点云分类。具体步骤如下：

a. 选择需要模型分类的档距。

b. 在工具栏中选择■按钮（批量分类按钮），先将模型进行批量分类，将导线部分先行粗分类出来。

c. 在 ■ 点云分类区域选择分类类别，单击工具栏中的 ■ 按钮（多边形裁剪）。

d. 在电力走廊三维点云窗口左击鼠标画不规则多边形，右击结束，软件会自动将圈存的点云分成对应的类别，如图 2.42 所示。

e. 将空中漂浮点的影响计算的点全部分类成噪点。如出现导线从树林中间穿过或其他复杂环境导致部分噪点难以去除，在去除噪点困难区域双击鼠标左键选取兴趣点。

（a）分类前　　　　　　　（b）分类时　　　　　　　（c）分类后

图 2.42　分杆塔类别

其次单击工具栏 ⬚⬚ 图标，并将光标箭头悬停在图 2.43 中所示 L 或者 W 位置处滑动鼠标滑轮调节点云直至合适大小后，重复第 3、4 步。

图 2.43　工具栏

当修改兴趣点位置时，该范围会随着兴趣点的位置变化而变化，可通过操作移动兴趣点来达到移动区域选择的目的。

9）计算分析。计算树障的实质就是测量障碍物到电线的距离，防止障碍物过高影响电线的正常输电，如图 2.44 所示。

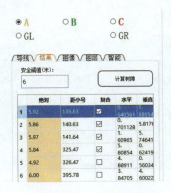

图 2.44　计算分析

计算树障时，需要注意以下几点：

a. 注意区分是否为噪点；

b. 判断树障是否为同一区域或者在同一棵树上，同一区域选取一处即可；

c. 仔细复查，确定为树障时，在复合处打对勾保存；

d. 当同一位置（5m 范围）出现多出隐患时，选取最近点保存。

依次核查 B、C 相线。全部核查完毕，单击"结果"面板最下方"保存复核结果"按钮，保存本段档距复核结果。待将全部档距全部复核完毕后可导出报告，报告示例如图 2.45 所示。

图 2.45 导出结果报告

注意：在首次计算一个全新的电压等级时，需要单击"帮助"→"分类信息"中的信息设置部分设置好隐患/缺陷的分类等级，设置分类信息界面如图 2.46 所示。

图 2.46 设置分类信息

面板中的类别可使用单击"添加"手动添加，也可单击"删除"进行删除，可设置哪些类别不参加最后的隐患/缺陷计算；可使用鼠标单击类别，修改类别名称。修改完毕后需单击"保存"。

10）导出报告。在软件的工具栏（左上角）选择"报表"，导出对应版本的报告，导出报告结果如图 2.47 所示，报告具体内容如图 2.48 所示。选择文件的存储位置，单击"确定"即可。

📁 A	2019/10/16 10:02	文件夹
📁 B	2019/9/24 15:16	文件夹
📁 C	2019/9/24 15:16	文件夹
📁 GL	2019/9/24 15:16	文件夹
📁 GR	2019/9/24 15:16	文件夹
📄 220kV湖北省████████9N49-N4979实时工况树障危险点分析报告_2019-09-24.doc	2019/9/24 14:41	DOC 文档
📄 220kV湖北省██████49N49-N4979实时工况树障危险点分析报告_2019-10-16.doc	2019/10/16 10:26	DOC 文档

图 2.47　导出对应版本报告

序号	杆塔区间	经度	纬度	高度(m)	档距(m)	小号塔距离(m)	地物类型	水平距离(m)	垂直距离(m)	净空实测距离(m)	安全等级	安全距离(m)
1	N61-N62			156.24	476.14	140.63	树障	0.70	5.82	5.86	重大	4.50
2	N61-N62			162.44	476.14	401.81	树障	2.64	3.72	4.56	重大	4.50
3	N61-N62			162.56	476.14	402.81	树障	1.75	3.84	4.22	重大	4.50
4	N61-N62			162.68	476.14	403.82	树障	1.09	3.96	4.10	重大	4.50

图 2.48　报告详细内容

2.3.4　报告要求

按照电网机巡作业报告模板，输出报告。报告文件名称请参考图 2.49。

110kV××省-××
局_110kV_××线N

图 2.49　报告文件名称示例

2.4
激光数据分析

2.4.1　激光数据分析简介

2.3 节中，通过激光建模作业及数据精度校核，获取输电线路高精度激光点云。输电线路高精度激光点云是由空间中具有坐标信息（包括经度、维度、高程信息）的无数个点所组成的三维模型，可用于输电线路信息建模，构建三维数字输电网，同时，通过激光数据分析技术，运用输电线路高精度激光点云，可开展"线路台账统计、净空危险点检测、交叉跨越距离测量和模拟工况分析"，用于输电线路验收、运维、检测、故障巡视，助力输电线路全生命周期管理、智能运维和防灾减灾。本章节主要介绍通过输电线路高精度激光点云，开展"线路台账统计、净空危险点检测、交叉跨越距离测量和模拟工况分析"的操作方法。

2.4.2　激光点云数据处理流程

1. 数据要求

激光点云数据分析前需对激光点云进行校核，激光点云应齐全，激光点云无噪点、重影，如有噪点应自动去噪或手动去噪，导地线、杆塔、地物地貌应齐全，无缺失；激光点云精度达厘米级，水平误差不超过 ±5cm，垂直误差不超过 ±10cm；地物地貌激光点云密度需不小于 100 点 /m²、杆塔激光点云密度需不小于 50 点 /m²、导线激光点云密度需不小于 40 点 /m²；同时，激光点云应准确标注杆塔号，进行正确切档、正确分类。

2. 处理流程

由于输电线路高精度激光点云是无数个空间点，不具备台账属性，需要通过激光数据处理，来实现杆塔定位、切档、点云分类，再开展激光数据分析，完成线路台账统计、净空危险点检测、交叉跨越距离测量和模拟工况分析，并生成相应的分析报告。具体实施流程、作业内容及作业要求如图 2.50 所示。

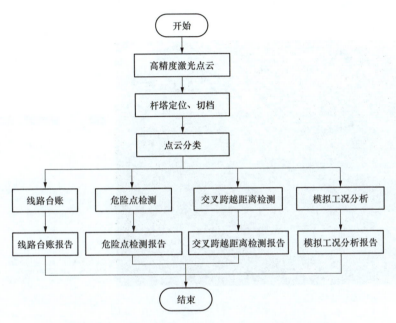

图 2.50　输电线路激光点云数据处理流程图

2.4.3　激光点云数据处理

1. 杆塔定位

输电线路杆塔定位，主要是基于线路高精度激光点云，运用激光点云编辑软件，选取杆塔"塔顶中心点"，进行的杆塔定位，并编写杆塔号、型号、杆塔类型，获取杆塔定位文件，如 .tower，并可基于 .tower 文件，进行线路激光点云切档、导出线路台账（包括杆塔号、杆塔型号、杆塔类型、坐标、档距、转角等），并为后续激光数据分析提供准确依据。

（1）杆塔定位要求。

1）无论是单回、双回、多回线路，均选取"塔顶中心点"，进行的杆塔定位、编号；

2）.tower文件应包括杆塔型号、杆塔类型；

3）线路两端存在变电站时，应在线路对应构架上，标注小号侧构架编号为A，标注大号侧构架编号为B。

（2）杆塔定位效果。杆塔定位效果示意图如图2.51所示。

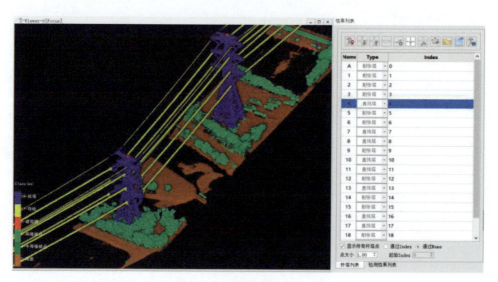

图2.51　杆塔定位效果示意图

2. 切档

由于激光雷达扫描时，其射程可达100m，开角接近120°，导致扫描获取的输电线路高精度激光点云宽度接近200m，远大于激光建模需要的范围（即输电线路杆塔最长横担长度＋线路保护区宽度×2＋预留范围），存在诸多无用点云，同时也给后续激光数据分析带来诸多难度，增加电脑运算量，因此需要通过切档来获取精简的"输电线路高精度激光点云"。在切档时，主要通过设置通道宽度来实现。

（1）切档要求。

1）切档前激光点云数据应已完成去噪，且完成杆塔定位；

2）切档时需设置"切档宽度"，切档宽度≈杆塔最长横担长度＋线路保

护区宽度 *2+ 预留范围，其中线路保护区宽度 110kV 线路为 10m、220kV 线路为 15m、500kV 线路为 20m；

3）应设置切档时，不同档保留大小号侧延伸距离，约为 10m。

（2）切档效果。切档参数设置示意图 2.52 所示。

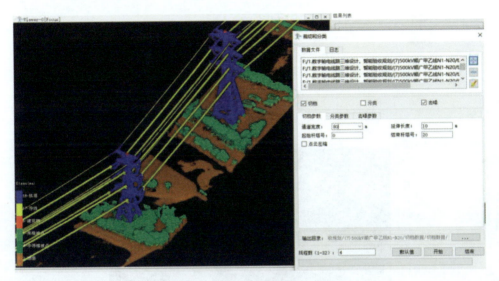

图 2.52　切档参数设置示意图

3. 分类

精简的输电线路高精度激光点云，是由无数个点组成的，但这些点不具备线路零部件或地物属性，需要通过分类来实现。为了更好地做到激光数据分析与检测，根据 DL/T 741—2019，将激光点云分为"杆塔、导线、绝缘子、导线、地线、植被点、建筑物、上下交跨输电线路、上下交跨配电线路、河流、桥梁"等类别，具体类别及效果组图，如图 2.53 所示。

（1）分类要求。

1）需要分类的激光点云，已完成切档；

2）激光点云类别至少包括"杆塔、导线、绝缘子、导线、地线、植被点、建筑物、上下交跨输电线路、上下交跨配电线路、河流、桥梁"等类别；

3）分类后的激光点云命名格式为"1–2（1_2）"。

（2）分类效果。

（a）具体类别

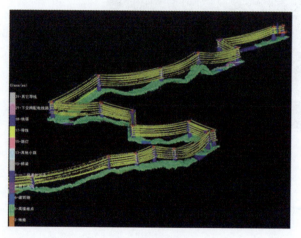

（b）效果组图

图 2.53　切档参数设置示意图

2.4.4　激光数据分析分类

1. 线路台账分析

线路台账分析，是基于输电线路高精度激光点云和 .tower 文件，自动导出杆塔明细表（包括杆塔号、杆塔型号、杆塔类型、坐标、档距、转角等）、KML 文件，从而用于线路杆塔坐标定位、特殊区段统计、基础数据管理等。

（1）线路台账分析要求。

1）已完成杆塔定位且 .tower 文件定义准确；

2）已定义线路两端变电站电压等级及名称；

3）杆塔明细表应至少包括杆塔号、杆塔型号、杆塔类型、坐标、档距、转角等信息；

4）KML 文件中，应包括杆塔高程信息，可用于无人机自动通道巡检。

（2）线路台账分析效果。激光台账分析示意图如图 2.54 所示。

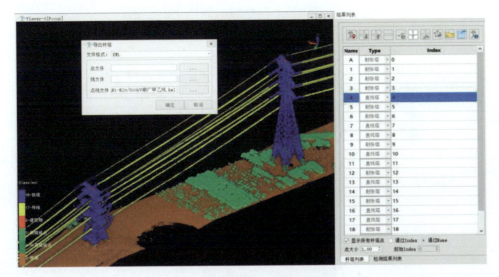

图 2.54　激光台账分析示意图

（3）线路台账分析报告。线路台账分析报告如图 2.55 所示。

500kV顺广甲乙线　500kV顺广甲乙线
台账.xls　　　　　　.kml

图 2.55　线路台账分析报告

2. 线路危险点检测

线路危险点检测，主要是基于分好类的输电线路高精度激光点云及 .tower 文件而进行的分析，可根据 DL/T 741—2019 或电网公司相关制度中定义好的缺陷定级标准（缺陷等级和距离），自动检测导线对植被点、公路、铁路、桥梁、河流、建筑物、上下交跨输电线路、上下交跨配电线路等距离，并根据缺陷定级标准，进行缺陷定级，指导线路运维；同时也可根据 GB 50233—

2014《110kV～750kV 架空输电线路施工及验收规范》定义好的验收缺陷标准（缺陷等级和距离），自动检测导线线长、弧垂、相间距离、跳线对杆塔距离等，开展输电线路智能验收。

（1）线路危险点检测要求。

1）危险点检测的激光点云应完成杆塔定位、切档、分类；

2）切档、分类后的激光点云格式为"1–2（1_2）"；

3）危险点检测标准应与 DL/T 741—2019 中的规定相符。

（2）线路危险点检测效果（见图 2.56 ~ 图 2.59）。

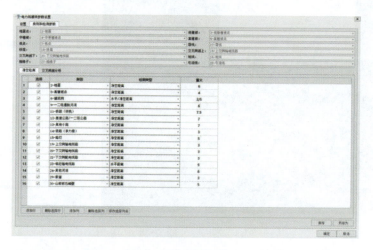

（a）参数设置

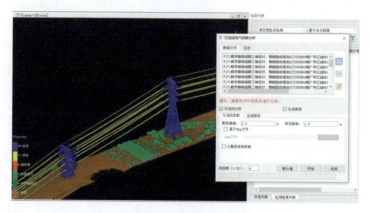

（b）引流线电气间隙危险点检测

图 2.56　危险点检测标准示意图

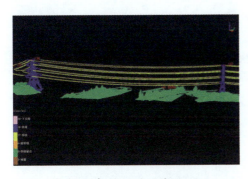 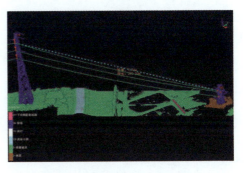

（a）小高差通道隐患检测　　　　　　　（b）大高差通道隐患检测

图 2.57　检测结果示意图

 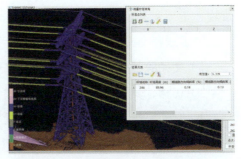

（a）验收点云分类结果 1　　　　　　　（b）激光验收测量结果 1

图 2.58　激光验收结果示意图 1

 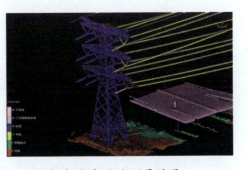

（a）验收点云分类结果 2　　　　　　　（b）激光验收测量结果 2

图 2.59　激光验收结果示意图 2

（3）线路危险点检测报告（见图 2.60）。

（4）线路激光验收检测报告（见图 2.61）。

500kV江西乙线N
76-N138实时工况

图 2.60　线路危险点检测报告

500kV鳌狮甲线基　500kV鳌狮甲线相
建验收报告-耐张塔　间距离分析报告

图 2.61　线路激光验收检测报告

3. 线路交叉跨越分析

线路交叉跨越分析，主要是基于分好类的输电线路高精度激光点云及 .tower 文件而进行的分析，可根据 DL/T 741—2019 定义好的缺陷定级标准（缺陷等级和距离），自动检测导线对植被点、公路、铁路、桥梁、河流、建筑物、上下交跨输电线路、上下交跨配电线路等全部距离，指导线路运维。

（1）线路交叉跨越分析要求。

1）交叉跨越分析的激光点云应完成杆塔定位、切档、分类；

2）切档、分类后的激光点云格式为"1-2（1_2）"；

3）交叉跨越分析的类别应与包括分类类别。

（2）线路交叉跨越分析类别及结果（见图 2.62~ 图 2.66 ）。

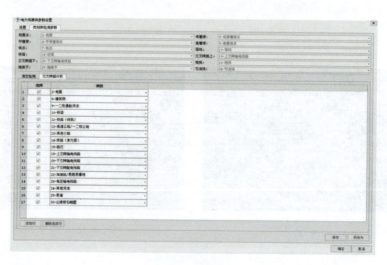

（a）参数设置

图 2.62　交叉跨越分析类别示意图（一）

（b）点云分类示意图

图 2.62　交叉跨越分析类别示意图（二）

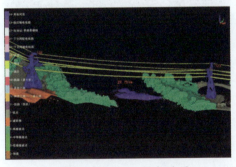 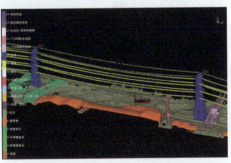

（a）交叉跨越点云分类结果 1　　　　　（b）交叉跨越点云分类结果 2

图 2.63　交叉跨越分析结果示意图 1

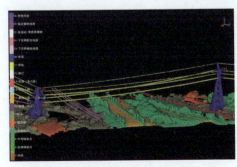 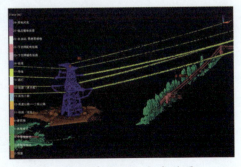

（a）交叉跨越点云分类结果 3　　　　　（b）交叉跨越点云分类结果 4

图 2.64　交叉跨越分析结果示意图 2

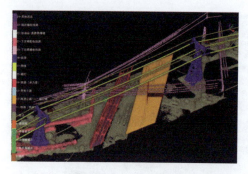

（a）交叉跨越点云分类结果 5　　　　（b）交叉跨越点云分类结果 6

图 2.65　交叉跨越分析结果示意图 3

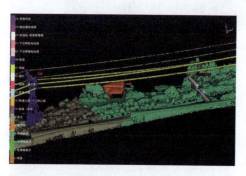

（a）交叉跨越点云分类结果 7　　　　（b）交叉跨越点云分类结果 8

图 2.66　交叉跨越分析结果示意图 4

（3）线路交叉跨越分析报告（见图 2.67）。

**500kV江西乙线
N76~N138实时工况**

图 2.67　线路交叉跨越分析报告

4. 线路工况模拟分析

线路工况模拟分析，主要是分析导线在不同风、冰、气温等气象条件下，导线弧垂的变化，以及不同工况条件下导线对植被点、公路、铁路、桥梁、河流、建筑物、上下交跨输电线路、上下交跨配电线路等距离，并根据 DL/T 741—2019 定义好的缺陷定级标准（缺陷等级和距离），自动检测缺陷，助力线路载流量提升。但需要基于输电线路高精度激光点云对导线进行矢量模拟，获取导线矢量模型，基于导线矢量模型、输电线路高精度激光点云和 .tower 文件进行分析，具体要求及效果如下：

（1）导线矢量化要求：

1）矢量化的导线需要已完成切档、分类，且为至少一个耐张段；

2）切档、分类后的激光点云格式为"1–2（1_2）"；

3）需要先完成"挂绝缘子"，包括耐张绝缘子串、直线绝缘子串；

4）导线数量化时可根据电压等级、现场实际情况，设置子导线分裂数；

5）导线矢量化需要从小号侧向大号侧实施，顺序固定，但不分相序。

（2）导线矢量化效果（见图 2.68）。

（a）效果 1　　　　　　　　　（b）效果 2

图 2.68　导线矢量化效果图

（3）工况模拟分析要求：

1）工况模拟分析的激光点云，已完成绝缘子、导线矢量化；

2）应正确选择导线型号，电压等级，应准确标定线路采集时天气情况，如气温；

3）应选择需要模拟的风、冰、气温等气象条件。

（4）工况模拟分析效果（见图 2.69~ 图 2.71）。

（5）工况模拟分析报告（见图 2.72）。

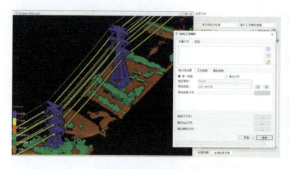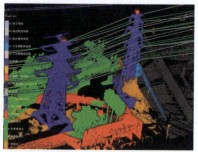

图 2.69　工况模拟分析（大风）结果示意图

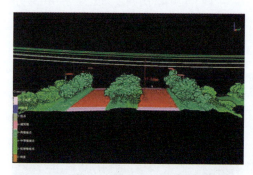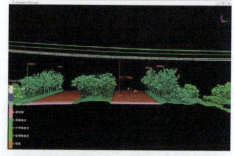

图 2.70　工况模拟分析（高温）结果示意图

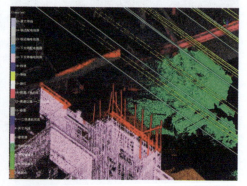

图 2.71　工况模拟分析（危险交跨物）结果示意图

×××供电局220kV　×××供电局220kV
×××甲、乙线模拟　×××甲、乙线模拟

图 2.72　工况模拟分析报告

2.5
其他巡视数据分析

1. 简介

无人机全景通道巡视可发现架空输电线路通道内与通道周边的违章施工、违章建筑、可飘挂物等通道环境风险和架空输电线路本体的鸟巢、飘挂物等大目标缺陷隐患，也能发现距离线路通道较远的潜在施工隐患与可飘挂物隐患。

2. 分析要求

（1）架空输电线路。架空输电线路全景照片分析主要分五部分，分别是防飘挂物、防外破、防鸟害、防山火、其他。

1）防飘挂物。分析杆塔本体是否有飘挂物，导地线是否有飘挂物。重点关注防震锤、绝缘子、地线。架空输电线路防飘挂物如图 2.73 所示。

图 2.73 架空输电线路防飘挂物

2）防外破。分析塔基内及塔基外 5m 内是否有车路，塔基周围是否有施工（约半径 50m），线路通道是否有施工迹象（约 50m 通道宽度），线路通道是否有施工机械（约 50m 通道宽度），架空输电线路防外破如图 2.74 和图 2.75 所示。

图 2.74　架空输电线路防外破 1

图 2.75　架空输电线路防外破 2

3）防鸟害。分析横担挂点是否有鸟巢或人工鸟巢，横担挂点是否安装驱鸟刺，塔身或者横担内侧是否安装置鸟器。架空输电线路防鸟害如图 2.76 所示。

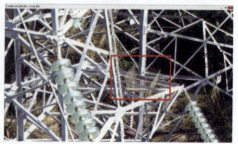

图 2.76　架空输电线路防鸟害

4）防山火。分析塔腿及主材是否有堆放易燃物，塔基是否有堆放易燃物或搭建竹棚，塔基是否杂草覆盖，塔基是否已硬化，塔基内与塔基外 2m 内是否有树木。防山火如图 2.77 所示。

（a）塔基堆放易燃物 1

（b）塔基堆放易燃物 2

（c）塔基下杂草覆盖 1

（d）塔基下杂草覆盖 2

图 2.77　架空输电线路防山火

5）其他分析。分析塔身是否有藤蔓，三牌是否齐全，横担是否安装有避雷器，同塔多回线路是否有线路色标。架空输电线路其他分析如图 2.78 所示。

（a）藤蔓缠绕分析结果 1

（b）藤蔓缠绕分析结果 2

图 2.78　架空输电线路其他分析（一）

（c）标识牌褪色分析结果 1

（d）标识牌褪色分析结果 2

（e）避雷器检测分析结果 1

（f）避雷器检测分析结果 2

（g）避雷器检测分析结果 3

（h）避雷器检测分析结果 4

图 2.78　架空输电线路其他分析（二）

（2）电缆输电线路。

1）防外破。分析电缆终端围墙外 5m 内是否有车路，围墙周围是否有施工（约半径 50m），线路通道是否有施工迹象（约 50m 通道宽度），线路通道是否有施工机械（约 50m 通道宽度）。电缆输电线路防外破如图 2.79 所示。

2）防火。分析电缆终端间围墙内外是否有堆放易燃物，是否有堆放易燃物或搭建竹棚，围墙内是否杂草覆盖。电缆输电线路防火如图 2.80 所示。

（a）示例1

（b）示例2

图 2.79　电缆输电线路防外破

（a）示例1

（b）示例2

图 2.80　电缆输电线路防火

3）防树障。分析电缆终端间围墙外保护区内是否有树木。电缆输电线路防树障如图 2.81 所示。

（a）示例1

（b）示例2

图 2.81　电缆输电线路防树障

4）防飘挂物。分析杆塔本体是否有飘挂物，导地线是否有飘挂物。电缆输电线路防飘挂物如图 2.82 所示。

5）检查标志牌、警示牌。分析标志牌、警示牌是否缺失。

（a）示例 1   （b）示例 2

图 2.82　电缆输电线路防飘挂物

3. 报告要求

（1）架空输电线路。报告应包括隐患明细的 Word 版和隐患数据分析 Excel 版两个，隐患明细的 Word 版报告应包括报告名称、巡检区段、报告分析单位、日期、分析人员及审核人员、巡检概况、隐患统计及汇总、隐患明细表及隐患照片。隐患数据分析 Excel 版报告应包括新路管辖班组、电压等级、线路名称、杆塔号、隐患类型、分析人员及审核人员。报告格式如图 2.83 所示。

图 2.83　报告格式

（2）电缆输电线路。报告应包括隐患明细的 Word 版和隐患数据分析 Excel 版两个，隐患明细的 Word 版报告应包括报告名称、巡检区段、报告分析单位、日期、分析人员及审核人员、巡检概况、隐患统计及汇总、隐患明细表及隐患照片。隐患数据分析 Excel 版报告应包括新路管辖班组、电压等级、线路名称、工井、隐患类型、分析人员及审核人员。Word 报告的隐患照片应包括整体和局部两部分，便于运维人员通过整体照片周围环境确定隐患的实际位置。

2.5.2 多维通道建模巡视数据分析

1. 简介

输电线路设备与通道的数字化模型主要有二维地图模型、点云模型、实景模型、人工模型。其中，利用无人机巡检并对成果解算能直接产出的为二维地图模型、点云模型、实景模型。

二维地图模型的数据分析，主要是提取杆塔的地理位置，测量水平距离，测量投影面积，分析线行保护区范围的地物情况，鸟瞰线行周围环境的整体情况。点云模型的数据分析，主要是距离测量分析。测量输电线路导地线之间、导线与导线、导线与杆塔本体、档距、弧垂，以及导线与地面、建筑物、树木、公路、江河、交叉跨越线等通道地物间的空间距离。实景模型的数据分析，主要是提取巡视范围内的地理信息，测量实体的距离、面积、体积，对设备进行标注，现场前期勘察。

2. 分析要求

（1）架空输电线路。

1）二维地图。包括提取杆塔的地理位置，测量水平距离，测量投影面积，如图 2.84 所示。

分析线行保护区范围的地物情况，如图 2.85 所示。其中，图 2.85（a）中杆塔位于山区，图 2.85（b）中杆塔位于城市道路中央。

2）点云模型的数据分析。测量距离如图 2.86 所示。测量输电线路导地线之间、导线与导线、导线（跳线）与杆塔本体的空间距离。测量输电线路导线与建筑物、树木的空间距离。测量输电线路导线与公路、交叉跨越线的空间距离。

3）实景模型的数据分析。包括提取巡视范围内的地理信息，提取基础的

输电线路多旋翼无人机
巡检作业与缺陷分析

（a）提取杆塔地理位置

（b）位置实况

（c）水平距离

（d）投影面积

图 2.84　提取杆塔地理位置及测量水平距离和投影面积

（a）杆塔位于山区

（b）杆塔位于城市道路中央

图 2.85　分析线行保护区范围地物情况

（a）示例 1

（b）示例 2

图 2.86　测量距离

地理信息，测量实体的距离、面积、体积，对设备进行标注，现场前期勘察。提取基础地理信息如图 2.87 所示。

（a）示例 1　　　　　　　　　（b）示例 2

图 2.87　提取基础地理信息

（2）输电电缆线路。

1）二维地图、点云模型的数据分析。电缆终端塔及工井地理信息提取如图 2.88 和图 2.89 所示。

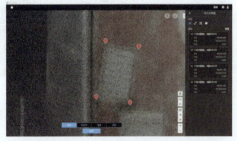

图 2.88　电缆终端塔地理信息提取　　　图 2.89　工井地理信息提取

2）实景模型的数据分析。在电缆实景模型上添加标示桩等安健环模型。导入预制安健环模型，可以在软件中精确添加，为电缆标示桩等安健环设施的安装位置提供可靠依据在线路迁改方面也可以添加各种类型的杆塔，方便沟通讨论。实景模型的数据分析如图 2.90 所示。

在实景模型上提取工井坐标。在实景模型上标注工井及箱体坐标，如图 2.91 所示。

在实景模型上标注电缆终端间内坐标，如图 2.92 所示。

在实景模型上进行标定测量，如图 2.93 所示。

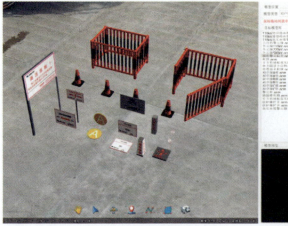

（a）示例1   （b）示例2

图 2.90   实景模型的数据分析

（a）示例1   （b）示例2

图 2.91   标注、提取工井、箱体坐标

（a）示例1   （b）示例2

图 2.92   标注电缆终端间内坐标

（a）示例 1

（b）示例 2

（c）示例 3

图 2.93　标定测量

在实景模型上查找缺陷。是否有飘挂物、施工隐患、终端杂草、基础硬化、标示牌缺失等情况。

3. 报告要求

（1）架空输电线路。报告基本信息应包括巡视架空输电线路的电压等级、线路名称、巡视区段、巡视日期、编制单位及人员。二维地图报告内容：杆塔地理坐标 Excel、线行保护区范围内建筑物标注；点云模型报告内容：树障测距、线线交叉跨越测距、杆塔断面数据；实景模型报告内容包括杆塔数据（基础根开、呼称高、全塔高）、杆塔所处地形。

（2）输电电缆线路。报告基本信息应包括巡视输电电缆线路的电压等级、线路名称、巡视区段、巡视日期、编制单位及人员。二维地图报告内容：电缆终端塔地理坐标 Excel、电缆通道杂物堆积情况；点云模型报告内容：树障测距、电缆终端间断面数据；实景模型报告内容：工井及箱体等地理坐标 Excel、施工机械距离分析、三牌排查。

3

缺陷隐患分析
实例

3.1
杆　塔

3.1.1　杆塔基础知识及相关条文

1. 定义

杆塔是用来支持导线、避雷线及其附件的支持物，以保证导线与导线、导线与地线、导线与地面或交叉跨越物之间有足够的安全距离。

按其受力性质，宜分为悬垂型、耐张型杆塔。悬垂型杆塔宜分为悬垂直线和悬垂转角杆塔；耐张型杆塔宜分为耐张直线杆塔、耐张转角杆塔和终端杆塔。

杆塔按其回路数，应分为单回路、双回路和多回路杆塔。单回路导线既可水平排列，也可三角排列或垂直排列；双回路和多回路杆塔导线可按垂直排列，必要时可考虑水平和垂直组合方式排列。

铁塔部件有主材、斜材、交叉材、水平材、辅材、连板、塔脚板、挂点板、脚钉、爬梯、工作扣环以及肋板、法兰盘、（钢管塔、钢管组合塔）。钢筋混凝土杆部件有杆身、钢板圈、横担、横担拉杆、拉线系统。

钢管杆部件有：杆身、法兰盘、横担、横担拉杆。

杆塔如图 3.1 所示。

2. 杆塔常见异常表象

（1）杆塔整体或横担：倾覆；倾斜、挠曲；倒杆、断杆、歪斜、扭曲、损坏。

（2）杆塔（钢管杆、钢筋混凝土杆）塔材及附件：缺失、松动；损伤；

图 3.1　杆塔示例

电弧烧伤；锈蚀；有异物。

3. 相关规程及规范

架空输电线路运行重点关注"杆塔常见异常表象"内容，具体参照 DL/
T 741—2019 中 5.1.4~5.1.13 规定的要求。架空输电线路验收参照 GB 50233—
2014 中 7.1、7.2；其中预应力钢筋混凝土和普通钢筋混凝土预制构件的加工
质量应符合 GB 50204—2015《混凝土结构工程施工质量验收规范》的规定，
加工尺寸允许偏差、外观检查等应符合"表 3.0.12 预应力钢筋混凝土和普通
钢筋混凝土预制构件加工尺寸允许偏差表（mm）"的规定，并应保证构件与
构件之间、构件与铁件及螺栓之间安装方便。架空输电线路状态检查及检修
策略参见 DL/T 1248—2013《架空输电线路状态检修导则》中"表 B.1 线路单
元状态量检修策略"。

杆塔各构件及附属设施组装应牢固，其中包括：交叉缝隙处的垫圈垫板；
连接处螺栓尺寸、型号、紧固扭矩、紧固次数、穿入方向；扩孔尺寸、扩孔
工艺；杆塔整体结构偏差；基础顶面预处理措施；套接连接工艺；拉线处理
等，均应按照 GB/T 2694《输电线路铁塔制造技术条件》的规定进行组装、
验收。

3.1.2 杆塔整体

杆塔整体常见异常表象如图 3.2~ 图 3.11 所示。

图 3.2 铁塔倾覆

图 3.3 铁塔倾覆

图 3.4 铁塔倾斜

图 3.5 门型钢筋混凝土杆倾斜

图 3.6 铁塔塔头挠曲

图 3.7 钢筋混凝土杆挠曲

131

图 3.8　门型钢筋混凝土杆倒杆 1

图 3.9　门型钢筋混凝土杆倒杆 2

图 3.10　钢筋混凝土杆断杆 1

图 3.11　钢筋混凝土杆断杆 2

3.1.3　杆塔横担

杆塔横担常见异常表象如图 3.12~ 图 3.17 所示。

图 3.12　钢筋混凝土杆横担歪斜

图 3.13　铁塔横担歪斜

图 3.14　铁塔横担扭曲

图 3.15　铁塔横担扭曲

图 3.16　铁塔导线横担损坏

图 3.17　铁塔地线横担损

3.1.4　杆塔塔材

杆塔塔材常见异常表象如图 3.18~图 3.61 所示。

图 3.18　钢管塔塔身缺辅材

图 3.19　钢管组合塔塔塔身缺辅材

图 3.20　钢管塔主材法兰盘缺螺栓　　　　图 3.21　钢管塔辅材法兰盘缺螺栓

图 3.22　铁塔塔身缺连板　　　　　　　　图 3.23　铁塔塔身缺连板

图 3.24　铁塔平台护栏缺塔材　　　　　　图 3.25　钢管组合塔缺一段爬梯

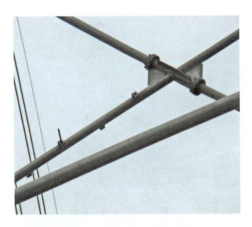

图 3.26　钢管塔辅材缺脚钉

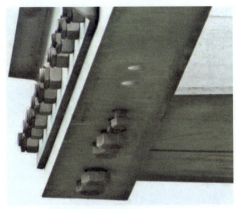

图 3.27　铁塔导线横担尾螺栓未紧固

图 3.28　塔材缺失、松动

图 3.29　铁塔主材变形

图 3.30　钢管塔塔身辅材法兰口变形

图 3.31　铁塔辅材间隙缺垫铁

图 3.32　铁塔塔身辅材裂开

图 3.33　钢管塔塔身主材加劲肋板变形

图 3.34　铁塔导线挂点水平铁电弧烧伤

图 3.35　铁塔导线横担电弧烧伤

图 3.36　塔材电弧烧伤

图 3.37　铁塔塔身辅材电弧烧伤

图 3.38　铁塔主材锈蚀鼓包

图 3.39　铁塔塔脚板锈蚀

图 3.40　铁塔横担主材螺栓、辅材锈蚀

图 3.41　铁塔脚钉锈蚀

图 3.42　铁塔地线横担遗留悬垂线夹

图 3.43　铁塔地线横担遗留手扳葫芦

图 3.44　钢管塔塔身平台横担遗留螺栓　　图 3.45　钢管组合塔平台遗留脚钉、平垫圈

图 3.46　铁塔横担有蜂巢　　　　　　图 3.47　铁塔塔身有蜂巢

图 3.48　门型钢筋混凝土杆地线横担　　图 3.49　铁塔塔身与导线横幅担间
　　与导线横担间缠绕有气球及宣传布　　　　　　缠绕有宣传布幅

图 3.50　铁塔塔身挂有居民低压电线

图 3.51　铁塔塔身挂有居民低压电线

图 3.52　铁塔塔腿堆放枯枝

图 3.53　铁塔塔腿主材长有藤蔓

图 3.54　钢管塔主材法兰盘螺栓不符合规定

图 3.55　钢管塔主材法兰盘螺栓穿向不规范

图 3.56　铁塔主材油漆脱落

图 3.57　铁塔横担油漆涂刷不均匀

图 3.58　铁塔塔腿被泥浆掩埋

图 3.59　铁塔塔腿被土掩埋

图 3.60　铁塔塔脚浸水

图 3.61　铁塔塔脚内积水

3.1.5 杆塔拉线

杆塔拉线常见异常表象如图 3.62~ 图 3.73 所示。

图 3.62 拉线被掩埋

图 3.63 拉线被盗

图 3.64 拉线被锯断

图 3.65 拉线断股

图 3.66 拉线、楔形 UT
耐张线夹被盗

图 3.67 拉线锈蚀、楔形 UT 耐张
线夹、U 形螺栓防盗螺帽锈蚀

图 3.68　可调式拉棒锈蚀

图 3.69　双拉线联板、螺栓、U 形
挂环及拉棒锈蚀

图 3.70　拉线交叉点摩擦

图 3.71　拉线系统安装不规范

图 3.72　双拉线系统 UT 耐张线夹卡死

图 3.73　拉棒及楔形 UT 耐张线夹浸水

3.1.6 钢管杆、混凝土杆杆身

杆塔拉线常见异常表象如图 3.74~ 图 3.81 所示。

图 3.74　钢筋混凝土杆有横向裂纹

图 3.75　钢筋混凝土杆有纵向裂纹

图 3.76　钢筋混凝土杆顶地线支架处破损

图 3.77　钢筋混凝土杆合模缝破损

图 3.78　钢筋混凝土杆水泥破损钢筋外露

图 3.79　拔梢型钢管杆杆身锈蚀

图 3.80　门型钢筋混凝土杆钢板圈锈蚀　　图 3.81　门型钢筋混凝土杆钢板圈锈蚀

3.2
基　础

3.2.1　基础知识及相关条文

1. 定义

基础本体是埋设在地下的一种结构，与杆塔底部连接，稳定承受所作用的荷载，主要作用是稳定杆塔，防止杆塔因承受导线、风、冰、断线张力等垂直荷载、水平荷载和其他外力的作用而产生的上拔、下压或倾覆。其包含岩石基础、桩基础、复合式沉井基础、装配式基础、螺旋锚基础等。

（1）基础土体：原状土和回填土，承受基础的垂直荷载和水平荷载，防止基础上拔、下陷或倾覆。

（2）基础基面：基础周围土体的表面。

（3）基础边坡：在基础及其周边，由于开挖或填筑施工所形成的人工边坡和对基础或杆塔的安全或稳定有不利影响的自然斜坡。

2. 基础常见异常表象

（1）基础本体：本体移位，立柱破损；

（2）地脚螺栓：部件缺失、松动，锈蚀；

（3）基础基面：浸水，土体流失，下沉；

（4）基础边坡：保护距离不足，土体流失，失稳。

3. 相关规程及规范

基础表面水泥、基础周围保护土层、基础挡土墙或护坡、基础的排水沟、高低腿基础接地体保护措施、基础边坡保护距离均应满足 DL/T 741—2019、GB 50545《110KV~750KV 架空输电线路设计规范》等标准的要求。土石方工程相关规范参见 GB 50233—2014 中第 5 章、GB 50433—2018《生产建设项目水土保持技术标准》中 8.1、8.2。线路单元基础状态量检修策略参见 DL/T 1248—2013 中附录 B 的表 B.1。

3.2.2　基础

基础常见异常表象如图 3.82~ 图 3.88 所示。

图 3.82　基础本体上拔

图 3.83　基础本体上拔

（a）保护层破损

（b）箍筋外露

图 3.84　基础立柱混凝土保护层破损及箍筋外露

图 3.85　基础立柱混凝土保护层不平整

图 3.86　基础立柱顶面混凝土保护层
不平整且与塔脚板有间隙

图 3.87　基础立柱缺爬梯　　　　图 3.88　基础立柱堆放竹竿

146

3.2.3 地脚螺栓

地脚螺栓常见异常表象如图 3.89~ 图 3.92 所示。

图 3.89　地脚螺栓未紧固

图 3.90　地脚螺栓未紧固

图 3.91　地脚螺栓锈蚀

图 3.92　地脚螺栓锈蚀

3.2.4 基础基面

基础基面常见异常表象如图 3.93~ 图 3.100 所示。

图 3.93　基面浸水

图 3.94　基面浸水

图 3.95　基面土体流失

图 3.96　基面土体流失

图 3.97　基面下沉

图 3.98　基面下沉

图 3.99　基面土体被挖　　　　图 3.100　拉线基础基面土体被挖

3.2.5　基础边坡

基础边坡常见异常表象如图 3.101~ 图 3.104 所示。

图 3.101　基础边坡土体流失　　　图 3.102　基础边坡土体流失

图 3.103　基础边坡坍塌失稳　　　图 3.104　基础边坡被取土失稳

3.3
导线与地线

3.3.1　导线与地线基础知识及相关条文

1. 定义

导线是架空输电线路的重要组成元件，它通过绝缘子串组悬挂在杆塔上，用于输送电能。

地线是在某些杆塔或所有杆塔上接地的导线，通常悬挂在导线上方，对导线构成一保护角，防止导线受雷击。

导线与地线的分类包括：圆线同心绞架空导线（铝绞线、铝合金绞线、钢芯铝绞线、防腐性钢芯铝绞线、钢芯铝合金绞线、铝合金铝绞线、铝包钢芯铝绞线、铝包钢芯铝合金绞线、钢绞线、铝包钢绞线等）、型线同心绞架空导线、镀锌钢绞线、光纤复合架空地线。

2. 导线与地线的常见异常表象

（1）导线：掉线、断线；粘连、扭绞、鞭击；损伤（断股、散股、刮损、磨损等）；腐蚀；电弧烧伤；驰度偏差；温升异常；有异物（漂浮物等）等。

（2）地线：掉线、断线；损伤（断股、散股、刮损、磨损等）；腐蚀、锈蚀；电弧烧伤；驰度偏差；温升异常；有异物（漂浮物等）等。

3. 相关规程、规范

导线、地线相关规范及处理方法参见 DL/T 741—2019 中 5.2；施工验收标准参见 GB 50233—2014 中第 8 章，状态检修参见 DL/T 1248—2013 中附录 B 的表 B.1。

3.3.2 导线

导线常见异常表象如图 3.105~ 图 3.146 所示。

图 3.105　导线断线

图 3.106　导线断线

图 3.107　导线掉线

图 3.108　导线掉线

图 3.109　导线掉线上扬

图 3.110　导线掉线

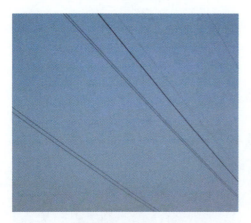
图 3.111　双分裂导线上下子线粘连

图 3.112　双分裂导线上下子线粘连

图 3.113　导线断股

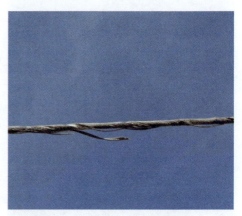
图 3.114　导线断股

图 3.115　导线磨损

图 3.116　导线刮损

图 3.117　导线刮损

图 3.118　导线划损

图 3.119　导线散股

图 3.120　导线散股

图 3.121　导线腐蚀

图 3.122　导线腐蚀

图 3.123　导线电弧烧伤

图 3.124　导线电弧烧伤

图 3.125　导线驰度偏差

图 3.126　导线驰度偏差

图 3.127　导线跳线子线驰度偏差

图 3.128　导线跳线子线驰度偏差

图 3.129　导线温升异常

图 3.130　导线温升异常

图 3.131　导线悬挂有广告横幅

图 3.132　导线悬挂有棚屋铁皮

图 3.133　导线悬挂有跨越线路断落地线

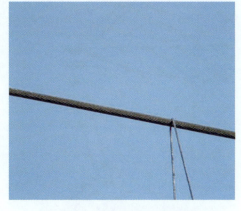

图 3.134　导线悬挂有通信线

图 3.135　导线覆冰

图 3.136　导线缠绕有覆膜

图 3.137　导线缠绕有鱼钩、鱼线

图 3.138　导线缠绕有风筝

图 3.139　导线跳线与横担安全距离不足

图 3.140　导线跳线与横担安全距离不足

图 3.141　导线被子弹击伤

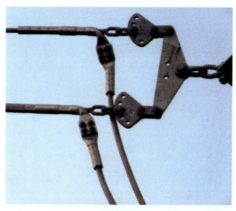

图 3.142　导线跳线接触下子线 U 形挂环

图 3.143　导线跳线接触下子线 U 形挂环

图 3.144　导线跳线接触均压屏蔽环

图 3.145　导线损伤修补方式错误

图 3.146　导线损伤修补方式错误

3.3.3　地线

地线常见异常表象如图 3.147~ 图 3.174 所示。

图 3.147　地线（钢绞线）掉线

图 3.148　地线（钢绞线）断线

图 3.149　地线（钢绞线）掉线

图 3.150　地线（铝包钢绞线）断线

图 3.151　地线（OPGW）断股 1

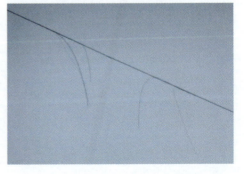

图 3.152　地线（OPGW）断股 2

图 3.153 地线（钢芯铝绞线）磨损 1

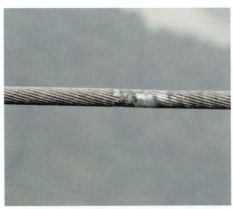

图 3.154 地线（钢芯铝绞线）磨损 2

图 3.155 地线（钢芯铝绞线）散股

图 3.156 地线（OPGW）散股

图 3.157 地线（OPGW）腐蚀

图 3.158 地线（钢芯铝绞线）腐蚀

图 3.159　地线（钢绞线）电弧烧伤 1　　图 3.160　地线（钢绞线）电弧烧伤 2

图 3.161　地线（OPGW）上扬 1　　图 3.162　地线（OPGW）上扬 2

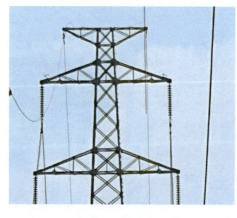 

图 3.163　地线（钢绞线）弛度偏差　　图 3.164　地线（钢芯铝绞线）弛度偏差

图 3.165　地线温升异常 1

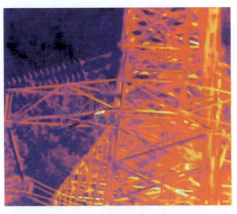

图 3.166　地线温升异常 2

图 3.167　地线缠绕有广告布

图 3.168　地线缠绕有覆膜

图 3.169　地线滑移

图 3.170　地线楔形耐张线夹尾绳捆
扎钢丝脱落

图 3.171　地线（OPGW）引下线
没有用固定支架固定

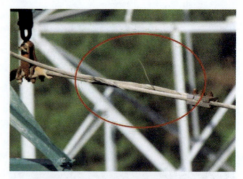

图 3.172　地线（钢芯铝绞线）
与引流线摩擦

图 3.173　地线（钢绞线）接触导线
跳线串横担端均压环

图 3.174　地线（OPGW）引下线
错误固定在爬梯上

3.4
绝缘子

3.4.1　绝缘子基础知识及相关条文

1. 定义

绝缘子是供处在不同电位的电气设备或导体电气绝缘和机械固定用的

器件。

绝缘子的分类包括：

（1）瓷质线路柱式绝缘子；

（2）瓷质盘形悬式绝缘子；

（3）瓷质长棒形绝缘子；

（4）玻璃盘形悬式绝缘子；

（5）复合线路柱式绝缘子；

（6）复合长棒形绝缘子等。

2. 绝缘子的常见异常表象

（1）瓷质绝缘子：串组掉串、脱开，损伤，电弧烧伤，端部金具锈蚀（钢帽、钢脚、放电间隙金具锈蚀），绝缘子串组倾斜，温升异常。

（2）玻璃绝缘子：串组掉串、脱开，损伤，电弧烧伤，端部金具锈蚀，绝缘子串组倾斜，温升异常。

（3）复合绝缘子：串组掉串、脱开，损伤，电弧烧伤，端部金具锈蚀，绝缘子串组倾斜，温升异等。

3. 相关规程、规范

绝缘子相关规范参见 DL/T 741—2019 中 5.3.1~5.3.13，其试验检测周期参见表 11；其附件安装工艺等参见 GB 50233—2014 中 8.6、28.1、28.2 及 JB/T 9680—2012《高压架空输电线路地线用绝缘子》中 4~8 节；其验收检查标准参见 GB/T 19519—2014《架空线路绝缘子 标称电压高于 1000V 交流系统用悬垂和耐张复合绝缘子 定义、试验方法及接收准则》中 13.2；其状态检修参见 DL/T 1248—2013 中附录 B 的表 B.1。

3.4.2 瓷绝缘子

瓷绝缘子常见异常表象如图 3.175~ 图 3.194 所示。

图 3.175　瓷绝缘子串组掉串 1

图 3.176　瓷绝缘子串组掉串 2

图 3.177　瓷绝缘子伞裙龟裂

图 3.178　瓷绝缘子伞裙破损

图 3.179　瓷绝缘子伞裙电弧烧伤 1

图 3.180　瓷绝缘子伞裙电弧烧伤 2

图 3.181　瓷绝缘子钢脚锈蚀 1

图 3.182　瓷绝缘子钢脚锈蚀 2

图 3.183　瓷绝缘子钢帽锈蚀

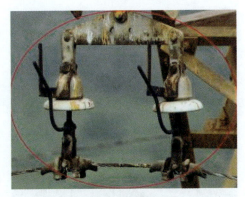

图 3.184　绝缘地线用瓷绝缘子端部
金具锈蚀

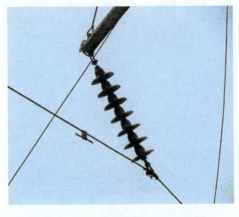

图 3.185　瓷绝缘子串组倾斜 1

图 3.186　瓷绝缘子串组倾斜 2

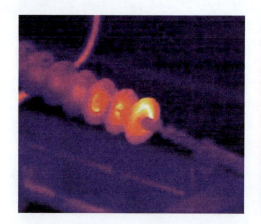

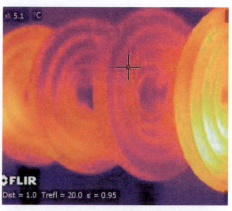

图 3.187　盘形悬式瓷绝缘子温升异常 1　图 3.188　盘形悬式瓷绝缘子温升异常 2

图 3.189　瓷绝缘子瓷裙有锈迹　　图 3.190　绝缘地线用瓷绝缘子瓷裙脏污

图 3.191　绝缘地线用瓷绝缘子瓷裙脏污　　图 3.192　瓷绝缘子炸裂解体

166

图 3.193　瓷绝缘子炸裂解体 1

图 3.194　瓷绝缘子炸裂解体 2

3.4.3　玻璃绝缘子

玻璃绝缘子常见异常表象如图 3.195 ~ 图 3.218 所示。

图 3.195　玻璃绝缘子串组掉串 1

图 3.196　玻璃绝缘子串组掉串 2

图 3.197　玻璃绝缘子伞裙自爆 1

图 3.198　玻璃绝缘子伞裙自爆 2

图 3.199　玻璃绝缘子钢脚变形

图 3.200　玻璃绝缘子伞裙自爆

图 3.201　玻璃绝缘子电弧烧伤 1

图 3.202　玻璃绝缘子电弧烧伤 2

图 3.203　玻璃绝缘子钢帽锈蚀

图 3.204　地线用玻璃绝缘子放电
间隙金具锈蚀

图 3.205　玻璃绝缘子串组倾斜 1

图 3.206　玻璃绝缘子串组倾斜 2

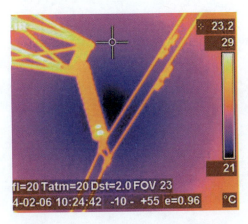

图 3.207　玻璃绝缘子温升异常 1

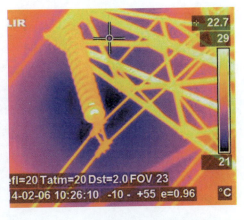

图 3.208　玻璃绝缘子温升异常 2

图 3.209　绝缘地线用玻璃绝缘子脏污

图 3.210　玻璃绝缘子脏污

图 3.211　玻璃绝缘子有油漆

图 3.212　玻璃绝缘子脏污

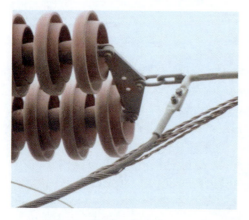

图 3.213　玻璃绝缘子伞裙顶住三角连板

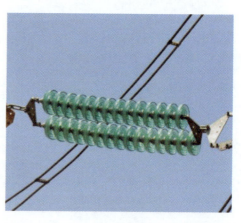

图 3.214　双联耐张玻璃绝缘子串组少一片

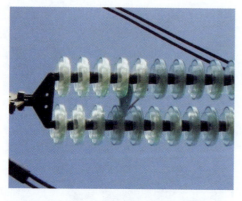

图 3.215　玻璃绝缘子上有掉落的相序牌

图 3.216　绝缘地线玻璃绝缘子放电
间隙金具间隙过大

图 3.217　绝缘地线玻璃绝缘子放电
间隙金具一端缺失

图 3.218　绝缘地线玻璃绝缘子放电
间隙金具未安装

3.4.4　复合绝缘子

复合绝缘子常见异常表象如图 3.219~ 图 3.240 所示。

图 3.219　双联 V 形复合绝缘子串组
端部脱开

图 3.220　双联悬垂复合绝缘子串组
一串端部脱开

图 3.221　复合绝缘子伞裙被动物啃咬 1

图 3.222　复合绝缘子伞裙被动物啃咬 2

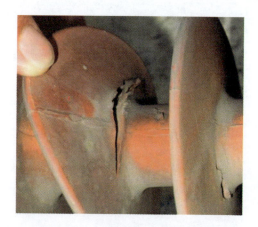
图 3.223　复合绝缘子伞裙裂开 1

图 3.224　复合绝缘子伞裙裂开 2

图 3.225　复合绝缘子棒体击穿断裂 1

图 3.226　复合绝缘子棒体击穿断裂 2

图 3.227　复合绝缘子护套、伞裙电弧烧伤 1

图 3.228　复合绝缘子护套、伞裙电弧烧伤 2

图 3.229　复合绝缘子碗头端部
金具锈蚀 1

图 3.230　复合绝缘子碗头端部
金具锈蚀 2

图 3.231　复合绝缘子串组倾斜 1

图 3.232　复合绝缘子串组倾斜 2

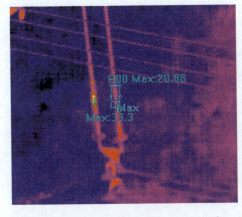

图 3.233　复合绝缘子棒体温升异常 1

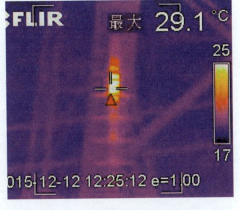

图 3.234　复合绝缘子棒体温升异常 2

图 3.235　复合绝缘子有蛇 1

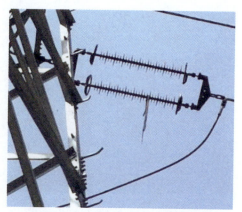

图 3.236　复合绝缘子有蛇 2

图 3.237　复合绝缘子伞裙有鞋印

图 3.238　复合绝缘子碗头端部
锁紧销未插到位

图 3.239　复合绝缘子缠绕有绳子

图 3.240　复合绝缘子伞裙憎水性下降

3.5
金 具

3.5.1 金具基础知识及相关条文

1. 定义

电力金具是连接和组合电力系统中各种装置，起到传递机械负荷、电气负荷及某种防护作用的金属附件。金具的分类包括：

（1）悬垂线夹（U形螺栓式悬垂线夹、带U形挂板悬垂线夹；带碗头挂板悬垂线夹、防晕型悬垂线夹、钢板冲压悬垂线夹、铝合金悬垂线夹、跳线悬垂线夹、预绞式悬垂线夹等）。

（2）耐张线夹（铸铁螺栓型耐张线夹、冲压式螺栓型耐张线夹、铝合金螺栓型耐张线夹、楔形耐张线夹、楔形UT耐张线夹、压缩型耐张线夹、预绞式耐张线夹等）。

（3）连接金具（球头挂环、球头连棍、碗头挂板、U形挂环、直角挂环、延长环、U形螺栓、延长拉环、平行挂板、直角挂板、U形挂板、十字挂板、牵引板、调整板、牵引调整板、悬垂挂轴、挂点金具、耐张联板支撑架、联板等）。

（4）接续金具（螺栓型接续金具、钳压型接续金具、爆压型接续金具、液压型接续金具、预绞式接续金具等）、保护金具（预绞式护线条、铝包带、防振锤、间隔棒、悬重锤、均压环、屏蔽环、均压屏蔽环等）。

2. 金具的常见异常表象

金具的常见异常表象包括移位、脱落；部件松动、缺失；腐蚀、锈蚀；电弧烧伤；损伤；温升异常等。

3. 相关规程及规范

金具相关规范参见 DL/T 741—2019 中 5.4，其中螺栓型金具钢质热镀锌螺栓拧紧力矩值参见表 6，设备巡视检查的内容可参照表 9，检测项目与周期规定参见表；附件安装参照 GB 50233—2014 中 8.6；具体金具种类规范参照 DL/T 756《悬垂线夹》、DL/T 757《耐张线夹》、DL/T 759《连接金具》、DL/T 758《接续金具》、DL/T 763《架空线路用预绞式金具技术条件》、DL/T 1098《间隔棒技术条件和试验方法》、DL/T 1099《防振锤技术条件和试验方法》、GB/T 2314《电力金具通用技术条件》。状态检修参见 DL/T 1248—2013 中附录 B 的表 B.1。

3.5.2 悬垂线夹

悬垂线夹常见异常表象如图 3.241~ 图 3.260 所示。

图 3.241　地线双联悬垂线夹一个
悬垂线夹回转轴与挂板脱开

图 3.242　地线悬垂线夹顺线路
方向移位

图 3.243 地线（OPGW）预绞式
悬垂线夹顺线路方向移位

图 3.244 地线双联悬垂线夹一个
悬垂线夹回转轴与挂板脱开

图 3.245 双联双悬垂线夹共 7 个 U
形螺栓缺失，1 个 U 形螺栓缺螺母、
弹簧垫及平垫圈

图 3.246 跳线双悬垂线夹一个悬垂
线夹一侧回转轴缺闭口销及平垫圈

图 3.247 悬垂线夹锈蚀 U 形螺栓、
挂板螺栓锈蚀

图 3.248 悬垂线夹锈蚀

图 3.249　悬垂线夹电弧烧伤

图 3.250　地线悬垂线夹电弧烧伤

图 3.251　悬垂线夹破损

图 3.252　预绞式悬垂线夹破损

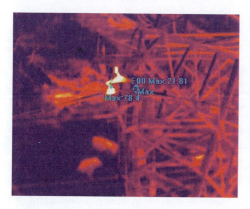

图 3.253　地线（OPGW）预绞式
悬垂线

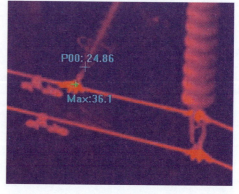

图 3.254　线路避雷器悬垂线夹温升
异常

图 3.255　地线悬垂线夹 U 形螺栓
平垫圈与弹簧垫位置装反

图 3.256　地线（OPGW）预绞式双
悬垂线绞制工艺不合格（一端线夹内
缺半个胶垫）

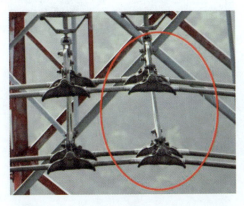

图 3.257　双悬垂线夹安装不垂直

图 3.258　悬垂线夹 U 形螺栓露牙
不足，铝包带缠绕不合格

图 3.259　地线（OPGW）预绞式
悬垂线绞制

图 3.260　跳线悬垂线夹用铁丝捆扎
代替工艺不合格

3.5.3 耐张线夹

耐张线夹常见异常表象如图 3.261~ 图 3.276 所示。

图 3.261　液压型耐张线夹铝管移位 1

图 3.262　液压型耐张线夹铝管移位 2

图 3.263　液压型耐张线夹引流板
螺栓缺弹

图 3.264　液压型耐张线夹引流板
螺栓松动簧垫及平垫圈

图 3.265　爆压型耐张线夹钢锚锈蚀

图 3.266　爆压型耐张线夹钢锚锈蚀

图 3.267　液压型耐张线夹电弧烧伤

图 3.268　液压型耐张线夹引流板电弧烧伤

图 3.269　液压型耐张线夹铝管有裂痕

图 3.270　液压型耐张线夹变形

图 3.271　液压型耐张线夹变形

图 3.272　液压型耐张线夹铝管弯曲

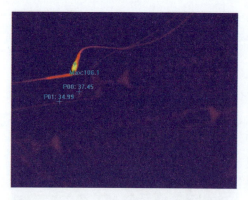

图 3.273　液压型耐张线夹温升异常

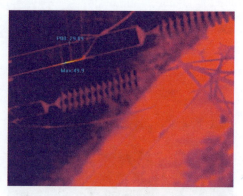

图 3.274　液压型耐张线夹温升异常

图 3.275　液压型耐张线夹棱边毛刺
未刮除

图 3.276　液压型耐张线夹铝管
误压不压区

3.5.4　连接金具

连接金具常见异常表象如图 3.277~ 图 3.292 所示。

图 3.277　球头挂环脱落

图 3.278　碗头挂板脱开

图 3.279　U 形挂环及其螺栓锈蚀

图 3.280　延长环、三角连板、直角
挂板及球头挂环锈蚀

图 3.281　直角挂板、三角连板电弧烧伤

图 3.282　挂板及球头挂环电弧烧伤

图 3.283　直角挂板断裂

图 3.284　碗头挂板碗口裂开

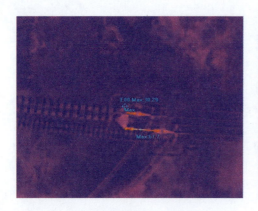

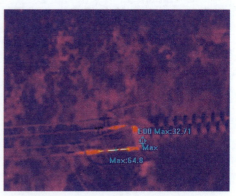

图 3.285　U 形挂环、延长拉杆、
直角挂板温升异常 1

图 3.286　U 形挂环、延长拉杆、
直角挂板温升异常 2

图 3.287　U 形挂环用卸扣代替

图 3.288　金具串装型式不标准

图 3.289　连接扇形调整板的 U 形挂环太短

图 3.290　球头挂板太短

图 3.291 U 形挂环螺栓太短无法
穿闭口销

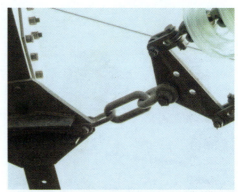

图 3.292 U 形挂环选型太小

3.5.5 接续金具

接续金具常见异常表象如图 3.293~ 图 3.312 所示。

图 3.293 地线（OPGW）接地引流线
接地线

图 3.294 地线引流线并沟线夹
脱落夹脱开

图 3.295 跳线线夹引流板一颗螺栓
缺弹簧垫、平垫圈

图 3.296 跳线线夹引流板一颗螺栓
松动，缺平垫圈、弹簧垫圈

巡检作业与缺陷分析

图 3.297　并沟线夹螺栓锈蚀

图 3.298　跳线线夹引流板螺栓锈蚀

图 3.299　跳线线夹引流板电弧烧伤

图 3.300　跳线线夹铝管电弧烧伤

图 3.301　液压接续管弯曲变形 1

图 3.302　液压接续管弯曲变形 2

图 3.303　地线引流线夹端子板损坏

图 3.304　并沟线夹损坏

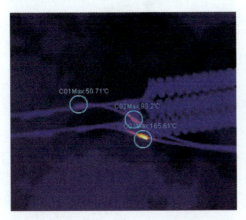

图 3.305　并沟线夹温升异常 1

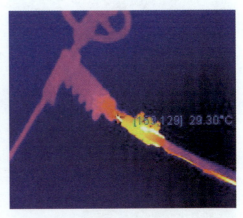

图 3.306　并沟线夹温升异常 2

图 3.307　并沟线夹安装不规范

图 3.308　液压型跳线线夹压接不符合规范

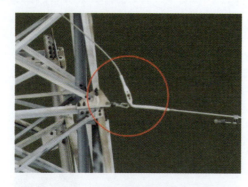

图 3.309　液压型跳线线夹连接
不规范

图 3.310　地线（OPGW）引流线
线夹安装错误

图 3.311　跳线线夹引流板螺栓太短

图 3.312　跳线线夹铝管内有薄膜

3.5.6　防护金具

防护金具常见异常表象如图 3.313~ 图 3.354 所示。

图 3.313　防振锤脱落

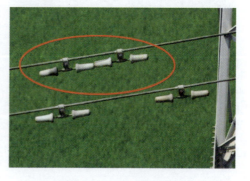

图 3.314　防振锤移位

图 3.315　均压环脱落 1

图 3.316　均压环脱落 2

图 3.317　阻尼线夹脱落

图 3.318　跳线延长拉杆支撑间隔棒脱落

图 3.319　均压环一端支撑杆缺螺栓

图 3.320　500kV 四分裂导线跳线重锤片螺杆缺闭口销

图 3.321　500kV 跳线延长拉杆支撑
间隔棒螺栓松动

图 3.322　均压屏蔽环支撑杆缺螺栓

图 3.323　均压环一端支撑杆缺螺栓

图 3.324　悬重锤挂板螺栓闭口销回退

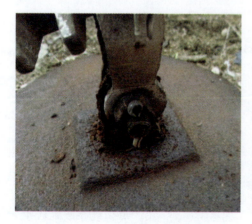

图 3.325　悬重锤挂板锈蚀

图 3.326　钢筋混凝土悬重锤挂环锈蚀

图 3.327　均压环腐蚀

图 3.328　均压环锈蚀

图 3.329　防振锤锈蚀

图 3.330　四分裂导线十字形间隔棒
锌层腐蚀

图 3.331　均压环电弧烧伤

图 3.332　均压环电弧烧伤

巡检作业与缺陷分析

图 3.333　均压环电弧烧伤

图 3.334　均压环电弧烧伤

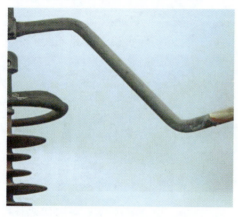

图 3.335　招弧角电弧烧伤

图 3.336　防振锤电弧烧伤

图 3.337　钢筋混凝土悬重锤破损 1

图 3.338　钢筋混凝土悬重锤破损 2

图 3.339　500kV 四分裂间隔棒损坏

图 3.340　500kV 四分裂间隔棒损坏

图 3.341　均压屏蔽环变形

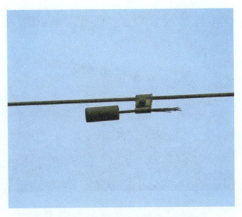

图 3.342　防振锤一端锤头缺失

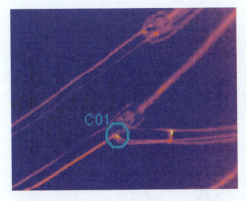

图 3.343　跳线间隔棒温升异常

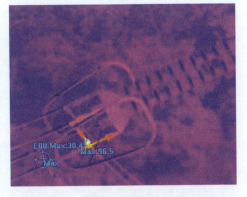

图 3.344　延长拉杆跳线支撑间隔棒
温升异常

图 3.345　延长拉杆跳线支撑间隔棒
温升异常 1

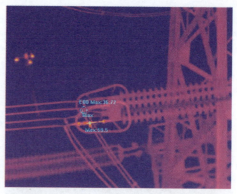

图 3.346　延长拉杆跳线支撑间隔棒
温升异常 2

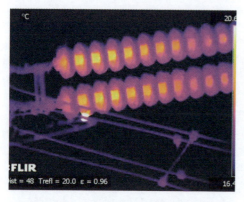

图 3.347　均压屏蔽环温升异常

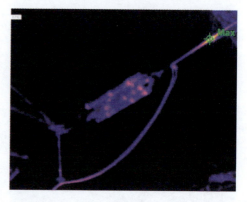

图 3.348　导线护线条、阻尼绳并沟
线夹发热

图 3.349　均压屏蔽环装反

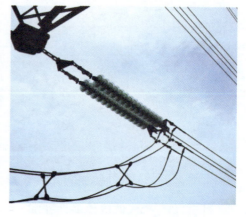

图 3.350　均压屏蔽环缺失

图 3.351　重锤式均压环装反缺失

图 3.352　均压环安装错误

图 3.353　均压环安装错误

图 3.354　防振锤安装不垂直

3.6
防雷与接地装置

3.6.1　防雷设施与接地装置基础知识及相关条文

1. 定义

接地：在系统、装置或设备的给定点与局部地之间做电连接。其包括雷

电保护接地、接地极、接地系统　　接地装置　　接地网、集中接地装置等

防雷设施与接地装置有：线路避雷器及其监测器、地线引流线、接地引下线，接地体等。

2. 防雷设施与接地装置常见异常表象

防雷设施与接地装置常见异常表象如下：

（1）线路避雷器及其监测器：避雷器本体解体、部件脱落、损伤，锈蚀等；

（2）地线引流线：损伤（断股、部件脱落、缺失）安装不规范等；

（3）接地引下线：损伤（部件断开、电弧烧伤、锈蚀、缺失）等；

（4）接地体：损伤（锈蚀、外露、断开、裂纹）等。

3. 相关规程及规范

接地系统规范参见 DL/T 741—2019 中 5.5，其中检测项目与周期规定参见表 11；施工标准参见 GB 50233—2014 中 5.6、8、9 章；验收标准参见 GB 50169—2016《电气装置安装工程　接地装置施工及验收规范》中 4.7 小节；避雷器相关参见 DL/T 815—2012《交流输电线路用复合外套金属氧化物避雷器》；监测装置相关参见 JB/T 10492—2011《金属氧化物避雷器用监测装置》；接地系统参见 GB/T 21698—2022《复合接地体》、DL/T 380—2010《接地降阻材料技术条件》；状态检修参见 DL/T 1248—2013 中附录 B 的表 B.1。

3.6.2　线路避雷器及其监测器

线路避雷器及其监测器常见异常表象如图 3.355~ 图 3.366 所示。

图 3.355　线路避雷器及其监测器炸开脱落　　图 3.356　线路避雷器导线端电极脱落

图 3.357　线路避雷器本体炸开解体 1

图 3.358　线路避雷器本体炸开解体 2

图 3.359　线路避雷器端部金具损坏

图 3.360　线路避雷器计数器引线断开

图 3.361　线路避雷器碗头端部金具锈蚀

图 3.362　线路避雷器端部金具锈蚀

图 3.363　线路避雷器监测器引线
捆扎不牢靠

图 3.364　线路避雷器监测器外壳老化

图 3.365　线路避雷器监测器积水 1

图 3.366　线路避雷监测器积水 2

3.6.3　地线引流线

地线引流线常见异常表象如图 3.367~ 图 3.374 所示。

图 3.367　地线引流线断股

图 3.368　地线引流线地线端脱落

图 3.369 地线（OPGW）引流线引流铝板未绞入内绞丝 1

图 3.370 地线（OPGW）引流线引流铝板未绞入外绞丝 2

图 3.371 地线引流线液压型跳线线夹缺螺栓 1

图 3.372 地线引流线液压型跳线线夹缺螺栓 2

图 3.373 地线（OPGW）引流线安装不规范

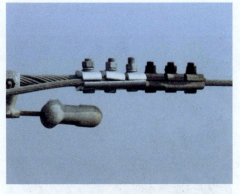

图 3.374 地线引流线地线端并沟线夹安装不规范

3.6.4 接地引下线

接地引下线常见异常表象如图 3.375~ 图 3.388 所示。

图 3.375　接地引下线连板裂开

图 3.376　接地引下线断开

图 3.377　接地引下线连板电弧烧伤 1

图 3.378　接地引下线连板电弧烧伤 2

图 3.379　接地引下线连板螺栓电弧烧伤 1

图 3.380　接地引下线连板及螺栓电弧烧伤 2

图 3.381　接地引下线连板螺栓电弧烧伤 1　图 3.382　接地引下线连板及螺栓电弧烧伤 2

图 3.383　接地引下线及连板锈蚀　　　　图 3.384　接地引下线锈蚀

图 3.385　接地引下线液压接续管锈蚀　　图 3.386　接地引下线太短

图 3.387　接地引下线连板螺栓被防
盗螺母锁死

图 3.388　接地引下线安装位置错误
且被地脚螺栓保护帽封住

3.6.5　接地体

接地体常见异常表象如图 3.389~ 图 3.396 所示。

图 3.389　地网被挖断 1

图 3.390　地网外露锈断 2

图 3.391　地网外露 1

图 3.392　地网外露 2

图 3.393　地网外露、锈蚀 1

图 3.394　地网外露、锈蚀 2

图 3.395　地网埋深不足

图 3.396　复合接地体外露

3.7
防护设施

3.7.1　防护设施基础知识及相关条文

1. 定义

防护设施是为保护输电线路设备不遭受外力破坏（包括人为和自然）所

设置的设施，防护对象主要为杆塔与拉线基础、杆塔、导线与地线。其包括基础防护设施、挡土墙、护堤、护坡。

防护设施的分类如下：

（1）基础防护设施：主要有地脚螺栓保护帽、混凝土护面、护坡、排水沟等；

（2）线路防护设施：主要有标识牌、防鸟害设施等；

（3）登塔设施与防坠装置：脚钉、爬梯、走道、平台、护栏、工作扣环、防坠滑轨等。

2. 防护设施常见异常现象

防护设施常见异常表象如下：

（1）基础防护设施。

1）地脚螺栓保护帽：裂纹、破损、保护层厚度不足、质量不合格、设计不合理等；

2）混凝土护面：裂开、破损、护面质量不合格、设计不合理等；

3）护坡：裂纹、坍塌、缺排水孔、护坡基部边坡坍塌、质量不合格、设计不合理等；

4）排水沟：破损、堵塞、质量不合格、设计不合理等；

5）其他基础防护设施：围堰裂开、坍塌；岸墙变形失稳、坍塌；防护围栏坍塌、防撞墩（桩）损坏等。

（2）线路防护设施。

1）标识牌：缺失、褪色、锈蚀、安装错误等；

2）防鸟害设施：缺失、损坏、失效、锈蚀等；

3）其他线路防护设施：高塔航空标示损坏、防鸟粪闪络绝缘护套破损、线路色标漆褪色等；

4）登塔设施与防坠装置；

5）登塔设施：基础立柱缺攀爬设施；脚钉缺失；爬梯缺失、损伤；走道损伤等；

6）防坠装置：主材工作扣环损坏（裂开，变形）；护栏缺失、变形；防坠装置损坏（变形、部件缺失、锈蚀）等。

3. 相关规程、规范

防护设施相关规范参见 DL/T 741—2019，其中巡视检查内容参见表 9；其施工验收参见 GB 50233—2014 中中第 5 章、10.1.3；其状态检修参照 DL/T 1248—2013 中附录 B 的表 B.1；其检测规范参见 DL/T 1367—2014《输电线路检测技术导则》中 5.7.1。

3.7.2 基础防护设施

基础防护设施常见异常表象如图 3.397~ 图 3.436 所示。

图 3.397　地脚螺栓保护帽有裂痕 1

图 3.398　地脚螺栓保护帽有裂痕 2

图 3.399　地脚螺栓保护帽厚度不足

图 3.400　地脚螺栓保护帽被埋

图 3.401　地脚螺栓保护帽封住接地
引下线 1

图 3.402　地脚螺栓保护帽封住接地
引下线 2

图 3.403　混凝土护面裂开 1

图 3.404　混凝土护面裂开 2

图 3.405　混凝土护面不合格

图 3.406　混凝土护面积土长草

图 3.407 混凝土护面积土长草 1

图 3.408 混凝土护面积水长草 2

图 3.409 浆砌石挡土墙有裂纹 1

图 3.410 浆砌石挡土墙有裂纹 2

图 3.411 浆砌石挡土墙鼓包失稳

图 3.412 浆砌石挡土墙基部坍塌

图 3.413　浆砌石挡土墙设计不合理

图 3.414　浆砌石挡土墙基部没有埋深

图 3.415　浆砌石挡土墙不合格

图 3.416　浆砌石挡土墙基部边坡坍塌

图 3.417　浆砌石挡土墙缺排水孔 1

图 3.418　浆砌石挡土墙缺排水孔 2

图 3.419　排水沟破损 1

图 3.420　排水沟破损 2

图 3.421　排水沟设置不合理 1

图 3.422　排水沟设置不合理 2

图 3.423　排水沟堵塞

图 3.424　排水沟有杂物

图 3.425　围堰裂开

图 3.426　围堰坍塌

图 3.427　防撞墩下沉

图 3.428　防护围栏垮塌

图 3.429　浆砌砖防护墙下沉

图 3.430　基础护堤防护围栏倒塌

图 3.431　防护浆砌砖墙长满藤蔓

图 3.432　防撞桩警示漆褪色

图 3.433　防撞墩、防撞桩警示漆褪色

图 3.434　防护围栏锈蚀

图 3.435　防撞墩警示漆褪色

图 3.436　防撞墩被贴广告

3.7.3 线路防护设施

线路防护设施常见异常表象如图 3.437~图 3.464 所示。

图 3.437 塔号牌、警告牌缺失

图 3.438 塔号牌缺失

图 3.439 警示牌褪色缺失

图 3.440 塔号牌损坏、脱落

图 3.441 塔号牌安装位置太低

图 3.442 旧塔号牌未拆除

图 3.443　相序牌装反

图 3.444　相序牌安装朝向错误

图 3.445　塔号牌、警告牌安装位置
妨碍登塔

图 3.446　塔号牌发霉

图 3.447　风动型反光式驱鸟器损坏 1

图 3.448　风动型反光式驱鸟器损坏 2

图 3.449　反光式风力驱鸟器缠绕有薄膜

图 3.450　反光式风力驱鸟器失效

图 3.451　反光式风力驱鸟器失效 1

图 3.452　反光式风力驱鸟器失效 2

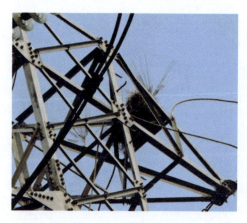

图 3.453　钢丝驱鸟刺失效 1

图 3.454　钢丝驱鸟刺失效 2

图 3.455 高塔航空标示灯失灵

图 3.456 导线复合护套被子弹击穿

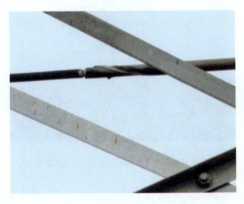

图 3.457 导线防鸟粪闪络绝缘护套、
导线电弧烧伤

图 3.458 导线防鸟粪闪络绝缘护套
破损

图 3.459 双回路铁塔缺线路色标漆 1

图 3.460 双回路铁塔缺线路色标漆 2

图 3.461　四回路铁塔缺线路色标漆

图 3.462　铁塔线路相序标识漆褪色

图 3.463　双回路铁塔线路色标漆褪色 1

图 3.464　双回路铁塔线路色标漆褪色 2

3.7.4　登塔设施与防坠装置

登塔设施与防坠装置常见异常表象如图 3.465～图 3.492 所示。

图 3.465　基础立柱缺爬圈

图 3.466　铁塔塔身主材缺脚钉

图 3.467　主材爬梯变形

图 3.468　主材爬梯两个断裂脚钉缺失

图 3.469　主材爬梯缺段

图 3.470　塔身走道缺塔材

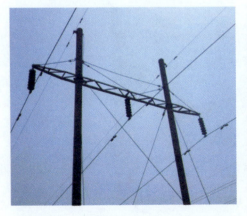

图 3.471　门型混凝土杆未安装爬梯

图 3.472　露高1.8米的基础立柱未设计爬梯

图 3.473　铁塔塔身脚钉锈蚀

图 3.474　铁塔塔身脚钉锈蚀

图 3.475　铁塔塔身脚钉锈蚀

图 3.476　铁塔塔身爬梯被杂树包围

图 3.477　爬梯安装在耐张塔外角侧主材

图 3.478　爬梯缺段

图 3.479　塔身爬梯与横担间缺
　　　　　移位平台

图 3.480　塔身脚钉安装在耐张塔
　　　　　外角侧主材

图 3.481　塔身爬梯脚钉间距不合理

图 3.482　塔身爬梯捆扎有电线

图 3.483　钢管组合塔爬梯护栏变形

图 3.484　铁塔导线横担走道护栏缺塔材

图 3.485　防高空坠落滑轨固定杆
损坏

图 3.486　防高空坠落滑轨固定杆
缺失、滑轨变形

图 3.487　钢管杆杆身爬梯防高空坠
落滑轨设置不合理 1

图 3.488　钢管杆横担防高空坠落滑
轨设置不合理 2

图 3.489　铁塔防高空坠落装置设置
不合理

图 3.490　防高空坠落滑轨固定杆
锈蚀

图 3.491　铁塔防高空坠落装置设置
　　　　　不合理

图 3.492　防高空坠落滑轨固定螺栓
　　　　　太短

3.8
通道环境

---

1. 定义

输电线路环境是指通道外已经或可能对输电线路设备产生影响的环境变化。

输电线路通道是指《电力设施保护条例》以及《电力设施保护条例实施细则》界定的电力线路保护区范围，输电线路保护区指导线边线向外侧水平延伸一定距离，并垂直于地面所形成的两平面内的区域。

2. 通道与环境常见异常现象

（1）线路通道树木异常：树木与导线安全距离不足；有人种植可能危及线路安全的植物。

（2）线路通道有建（构）筑物：有平整土地等搭建建（构）筑物的迹象；有新建建（构）筑物。

（3）线路通道有机械施工：机械施工；跨（穿）越物施工；堆放物品等。

（4）线路环境变化异常：施工影响（采石、开矿、钻探、打桩、地铁施工等）；射击打靶；新增污染源或污染源污染排放加重；人为设置漂浮物（气球、风筝、不牢固的农作物覆膜、不牢固的遮阳网、垃圾回收场等）；河道、水库水位变化等。

（5）巡线通道变化异常：巡视道路、桥梁损坏。

3. 相关规程及规范

通道环境相关规范参见 DL/T 741—2019 中 10.1，其中线路保护区参见表 13，线路安全距离参见表 B.4~ 表 B.8。

3.8.1　线路通道树木异常

线路通道树木异常如图 3.493~ 图 3.499 所示。

图 3.493　松柏树压到导线

图 3.494　线下竹子与导线距离不足
被电弧烧伤

图 3.495　线下桉树与导线距离不足
被电弧烧伤

图 3.496　线下皂荚树与导线距离
不足被电弧烧伤

图 3.497　线下树木与导线安全距离
不足

图 3.498　线下竹子与导线距离
不足

图 3.499　线路通道树木异常

3.8.2　线路通道有建（构）筑物

线路通道有建（构）筑物如图 3.500~ 图 3.513 所示。

图 3.500　线行下有垃圾回收场

图 3.501　线行下有棚屋

图 3.502　线行下有棚屋

图 3.503　线行下有建筑物

图 3.504　线行下有棚屋

图 3.505　线行下有养猪棚

图 3.506　线路通道有建（构）筑物

3.8.3 线路通道有机械施工

图 3.507　线行下有吊车施工

图 3.508　线行下有挖掘机施工

图 3.509　线行下采石场机械施工

图 3.510　线行下有挖掘机施工

图 3.511　线路保护区内有静压桩机施工

图 3.512　线行下有挖掘机施工

图 3.513　线路通道有机械施工

3.8.4　线路环境变化异常

线路环境变化异常如图 3.514~ 图 3.519 所示。

图 3.514　线路通道有山火

图 3.515　线路通道有山火

图 3.516　线路通道有山火

图 3.517　线路通道有人钓鱼

图 3.518　线路通道有储油罐　　　　图 3.519　线路通道附近有采石场爆破

3.8.5　巡线通道变化异常

巡线通道变化异常如图 3.520~ 图 3.525 所示。

图 3.520　巡线车道坍塌 1　　　　　图 3.521　巡线车道坍塌 2

图 3.522　巡线车道水土流失 1　　　　图 3.523　巡线车道水土流失 2

图 3.524　巡线车道被滑坡封堵　　　　　图 3.525　巡线车道桥梁坍塌